QUÍMICA EM EBULIÇÃO:

EDUCAÇÃO, PESQUISA E INOVAÇÃO NAS VOZES DO BRASIL

Anelise Grünfeld de Luca
André Luis Fachini de Souza
Natacha Morais Piuco
Valeska Francener da Luz
(Organizadores)

QUÍMICA EM EBULIÇÃO:

EDUCAÇÃO, PESQUISA E INOVAÇÃO NAS VOZES DO BRASIL

2024

1ª Edição

Direção editorial: Victor Pereira Marinho e José Roberto Marinho

Capa: Fabrício Ribeiro
Projeto gráfico e diagramação: Fabrício Ribeiro

A concretização desta obra contou com o financiamento da Sociedade Brasileira de Ensino de Química (SBEnQ) que apoiou sua publicação. Reúne diferentes reflexões que proporcionarão diálogos com todos os interlocutores leitores que a ela terão acesso... Possibilitando a ressignificação e a ratificação de saberes e fazeres na educação química. Agradecemos aos envolvidos e à SBEnQ.

Edição revisada segundo o Novo Acordo Ortográfico da Língua Portuguesa

Dados Internacionais de Catalogação na publicação (CIP)
(Câmara Brasileira do Livro, SP, Brasil)

Química em ebulição : educação, pesquisa e inovação nas vozes do Brasil / organizadores Anelise Grünfeld de Luca...[et al.]. -- São Paulo : LF Editorial, 2024.

Vários autores.
Outros organizadores:André Luis Fachini de Souza, Natacha Morais Piuco, Valeska Francener da Luz.
Bibliografia
ISBN 978-65-5563-487-7

1. Aprendizagem 2. Conhecimento humano 3. Química - Estudo e ensino 4. Sabedoria I. Luca, Anelise Grünfeld de. II. Souza, André Luis Fachini de. III. Piuco, Natacha Morais. IV. Luz, Valeska Francener da.

24-223895 CDD-540.7

Índices para catálogo sistemático:
1. Química: Estudo e ensino 540.7

Eliane de Freitas Leite - Bibliotecária - CRB 8/8415

LF Editorial
www.livrariadafisica.com.br
www.lfeditorial.com.br
(11) 2648-6666 | Loja do Instituto de Física da USP
(11) 3936-3413 | Editora

SUMÁRIO

SEÇÃO 2 - AMPLIANDO HORIZONTES NA EDUCAÇÃO QUÍMICA: MOSTRAS, FEIRAS, OLIMPÍADAS E GRUPOS DE INICIAÇÃO CIENTÍFICA

APRESENTAÇÃO DA OBRA

Ana Luiza de Quadros

Ao proporem o livro **Química em Ebulição**, seus organizadores ressaltam que o título faz alusão ao ensino de Química e que representa o "movimento de debates fervorosos, em que as ideias fervem, carregadas de muita energia, como se estivessem prestes a transbordar, criando um cenário ideal de efervescência, que possibilita a livre difusão dos conhecimentos químicos". Não há dúvida da importância deste debate entusiasmado, que visa melhorar o ensino que fazemos, e da amplitude em que ele ocorre, uma vez que são tantas as emergências e as tendências que dificilmente é possível a algum professor – em formação ou experiente – se inteirar de todas elas.

Para fazer educação por meio do ensino de Química, tenho considerado a abordagem sócio-histórica, principalmente os estudos de Lev Vigotski. Nesse caminho, o desenvolvimento humano se dá a partir das relações sociais que o sujeito estabelece no decorrer da vida. O processo de ensino-aprendizagem se constitui por meio das interações que acontecem nos diversos contextos sociais, ou seja, o aprendiz constrói significados a partir das interações entre os sujeitos ali presentes. Os significados são considerados construções históricas e sociais e, no caso da sala de aula, se referem aos conteúdos apropriados pelos sujeitos alicerçados em suas próprias subjetividades.

A sala de aula é um espaço privilegiado para essa construção de significados! À luz da psicologia de Vigotski (2009) e também da filosofia de Bakhtin (2004), a sala de aula é percebida como um ambiente no qual se desenvolvem processos essencialmente dialógicos, em que múltiplas vozes são articuladas: primeiro no plano social (interpsicológico) e, em seguida, no plano individual (intrapsicológico). No plano social, o sujeito em formação entra em contato com um conjunto de pontos de vista, de opiniões e de explicações. Com essa interação, e se valendo de um amplo leque de ferramentas culturais, dentre as quais a linguagem, o sujeito internaliza significados, agora no plano individual.

Segundo Vigotski, aquilo que se formou na convivência ou no meio social é, aos poucos, internalizado e passa a formar as novas estruturas mentais do sujeito.

Quanto mais nos envolvemos com estudos deste campo, como é o caso da abordagem sócio-histórica, mais percebemos a complexidade do ato de ensinar. O professor recebe um sujeito que de forma espontânea já se apropriou de uma série de saberes presentes na esfera cotidiana, e tem a responsabilidade de auxiliá-lo no processo de enculturação nas esferas não cotidianas, oferecendo a ele acesso a outros saberes, ao mesmo tempo em que dá a ele a oportunidade de desenvolver uma postura crítica. Portanto, ensinar é, também, um ato de convencimento.

No caso do ensino de Química, o estudante será inserido em uma nova forma de pensar sobre os fatos e fenômenos do mundo e de explicá-los. Esse processo envolve, no plano social, a introdução de conceitos e de símbolos próprios da comunidade científica que lhe permitem acessar uma nova cultura. Assim, se ensinar é um ato complexo, ensinar Química é um tanto mais, uma vez que agrega um mundo de entidades (átomos, moléculas, íons e outros) que não pode ser "visto", mas que precisa ser imaginado em diferentes ângulos ou perspectivas. Certamente, essa maior complexidade é o que gera esse debate turbulento citado pelos organizadores deste livro.

Entre as inúmeras emergências necessárias ao ensino – e nesse sentido vou me referir a apenas algumas – a Seção 1 deste livro dá destaque à "decadência" da escola não só como estrutura física, mas como um espaço de aprendizagem, e não apenas de ensino. Nesse sentido, é retomada a importância do diagnóstico como gerador de políticas públicas para a educação, embora tenhamos conhecimento de que pouco ou nenhum estudo nesse sentido venha sendo feito. O texto nos leva a entender que ensinar nunca foi suficiente. É preciso que dispensemos uma atenção especial à aprendizagem e, para isso, transformar as aulas e a escola é o caminho necessário para mostrar que a escola é do estudante e para o estudante.

A Base Nacional Comum Curricular (BNCC) também recebeu um espaço neste livro, considerada a partir de uma frase da célebre música *O Tempo não Para*, composta por Arnaldo Brandão e Cazuza. Ao transcrever "*Eu vejo o futuro repetir o passado*", a autora questiona a concepção de Ciência presente nesse documento, comparando com documentos oficiais até então vigentes.

Nesse sentido, além de todas as críticas que a BNCC vem recebendo da comunidade especializada, a frase cantada por Cazuza nos dá uma boa ideia do que está presente nesse documento em termos de Natureza da Ciência.

Os projetos e programas recentes de formação de professores são apresentados como um caminho promissor. A inserção dos licenciandos na escola desde o início da graduação chegou aos cursos de formação com o Programa Institucional de Bolsas de Iniciação à Docência (Pibid). Ao mesmo tempo, uma atuação mais constante como docente é a intenção do programa Residência Pedagógica, a respeito do qual são citadas experiências bem e malsucedidas, todas absolutamente necessárias para desenvolver conhecimentos tanto sobre a formação quanto sobre a atuação docente.

O texto também examina a relação entre os saberes populares e o conhecimento científico produzido pela academia. Trata-se de uma tendência bastante discutida quando nos remetemos ao debate envolvendo o ensino de Química. Porém, em muitas escolas, as aulas ainda são organizadas conceitualmente, como se os estudantes não tivessem seus saberes prévios, com explicações próprias para os fenômenos presentes na natureza. Ao não considerarmos esses saberes do cotidiano, estaremos inibindo nos estudantes as possíveis conexões entre o conhecimento científico e o cotidiano, conexões essas que tanto podem promover aprendizagens quanto engajar mais o estudante no conteúdo desenvolvido na disciplina.

Na Seção 2 do livro diferentes formas de divulgação da Ciência são exploradas, com destaque para as feiras de Ciência, a iniciação científica na graduação e na educação básica e as olimpíadas científicas. Fazer educação por meio do ensino de Química certamente não pode ser uma atividade que se restringe às salas de aula ou aos laboratórios escolares. Os espaços chamados de "não formais" e as ações que engajam os estudantes em atividades que exigem conhecimento científico têm contribuições a oferecer e, nesse sentido, têm recebido atenção da comunidade especializada, principalmente em termos de pesquisa.

É de se ressaltar que mesmo tratando essas ações como "não formais" e considerando que elas são organizadas a partir de uma intenção educativa, elas adquirem também um caráter formal, embora ocorram em cenários diferentes. Não podemos continuar pensando que o conhecimento necessário para uma formação no contexto atual esteja apenas dentro dos muros de uma escola.

Nossa experiência tem mostrado que estudantes têm simpatia por atividades como olimpíadas, museus, feiras científicas e outras tantas que não se limitam à sala de aula. Esses estudantes, indiscutivelmente, merecem outras oportunidades de aprendizagem além daquelas que a educação formal proporciona.

Enfim, ao tratarem de temas/atividades/tendências presentes nos debates envolvendo o ensino de Química, os organizadores e colaboradores deste livro certamente pretendem que ele seja uma fonte que aumente a energia interna do debate, em um processo de ebulição, aumentando os movimentos de vibração, translação e rotação. Se o debate hoje está "efervescente", que este livro seja, também, um catalisador capaz de aumentar a energia do sistema e provocar a transformação da escola e das aulas de Química.

REFERÊNCIAS

BAKHTIN, M. **Marxismo e filosofia da linguagem**. 9. ed. Trad. Michel Lahud e Yara Frateschi Vieira. São Paulo: Hucitec, 2004.

VIGOTSKI. L. S. **A construção do pensamento e da linguagem**. 2. ed. Trad. Paulo Bezerra. São Paulo: Ed. Martins Fontes, 2009.

AQUECIMENTO INICIAL — QUÍMICA EM EBULIÇÃO: ESPAÇOS E PERSPECTIVAS DE EDUCAÇÃO, PESQUISA E INOVAÇÃO PARA O ENSINO DE QUÍMICA[1]

> *"Estar no mundo sem fazer história, sem por ela ser feito, sem fazer cultura, sem tratar sua própria presença no mundo, sem sonhar, sem cantar, sem musicar, sem pintar, sem cuidar da terra, das águas, sem usar as mãos, sem esculpir, sem filosofar, sem pontos de vista sobre o mundo, sem fazer ciência, ou teologia, sem assombro em face do mistério, sem aprender, sem ensinar, sem ideias de formação, sem politizar não é possível".*
>
> Paulo Freire

Pensar a química em ebulição é, primeiramente, perceber que a vida está em constante transformação. O tempo e o espaço no qual convivemos como seres humanos nos possibilita sensações de um mundo em movimento. Nada é estático, nos movemos e somos movidos em função daquilo que nos propomos a vivenciar e a experimentar, num processo de inconclusão. Freire (1996, p.50) observa isso quando afirma que "o inacabamento do ser ou sua inconclusão é próprio da experiência vital. Onde há vida, há inacabamento".

Reconhecer que estamos em um mundo em constante transformação e que nos movemos no mundo nos faz entender o quanto se faz necessário a promoção de espaços e perspectivas de educação, pesquisa e inovação para o ensino de química. A química como área de conhecimento se constitui na transformação da matéria, naquilo que é mais íntimo, constitutivo das moléculas e dos átomos.

A proposta do título para esta obra surgiu da ideia de que o processo de ebulição tende a ser inquietante e transformador, em que a transição de uma substância no estado líquido para o estado gasoso se dá quando a pressão do

---

1 Anelise Grünfeld de Luca, André Luis Fachini de Souza, Natacha Morais Piuco, Valeska Francener da Luz

líquido se iguala à pressão externa, ocasionando um movimento em que bolhas de vapor surgidas no interior desse líquido ascende à superfície e se rompem, liberando gás, e este difunde-se livremente por todo o espaço possível.

Analogamente, o que se pretende é comparar a aventura nas quais moléculas no estado líquido se permitem deslocar no espaço em que estão inseridas, objetivando a sua transformação para estado gasoso. Isso nos remete ao movimento tão necessário ao ensino e aprendizagem da química, de romper, transcender, transgredir e vivenciar situações novas e outras, experimentando abordagens de ensino que favoreçam o "ensinar menos" (Chassot, 2010), na busca de "fazer menos, mas fazê-lo melhor" (Millar, 2003). E adentrando aos espaços que configuram-se em colisões intensas, que demandam energia interna suficiente à promoção de uma aprendizagem escolar que possibilita a inserção "do aprendiz, de forma intencional e sistemática, no contexto sociocultural em que vive" (Maldaner, 2000, p.165).

E nesse processo de "colisões moleculares" ecoam ideias que se demonstraram caminhos possíveis para o ensino de química elucidados no compêndio de textos dessa obra. Os textos apresentados reverberam ideias e propostas que precisam ser revisitadas, refletidas, debatidas e ainda devem ser ditas e quem sabe implementadas. A provocação que pode nos impulsionar à ebulição, pode vir de Chassot (2010, p. 28), "temos que privilegiar menos os conteúdos, muitos dos quais não servem para nada, ou melhor, servem para aumentar a dominação". Esta provocação segue impulsionada por Schnetzler (2010, p. 65), "[...] o professor necessita, então, selecionar e organizar o conteúdo do seu ensino enfatizando o tratamento de temas e de conceitos centrais desta Ciência para expressar o seu objetivo de estudo e de investigação".

A ebulição promove o deslocamento das moléculas, à medida que recebem energia em forma de calor, aumenta a intensidade da vibração e diminui a interação entre as moléculas, distanciando-as. Este processo é intenso e turbulento! Semelhantemente à profissão docente, há a necessidade de deslocar-se, transitar entre certezas e incertezas, entendendo que o ensino de química escolar precisa ser (re)contextualizado e atuante, considerando as diversas situações socioculturais dos estudantes. Abreu e Lopes (2010, p. 96) indicam que "[...] se nos parece ser importante pensar em outras interconexões de saberes, precisamos também pensar em como estabelecer novas relações de poder nos espaços sociais onde atuamos". Há que se considerar o que Zanon e Maldaner (2010, p. 105) lembram

> [...] ainda são precariamente feitas (e respondidas) questões reflexivas como: Por que ou para que é importante que todo cidadão aprenda/saiba Química? Como são mobilizados e usados fora da escola os conhecimentos aprendidos em aulas de Química? Qual a relevância de tais conhecimentos nos contextos de vida socioambientais? Como os professores percebem o significado dos aprendizados específicos da Química? Como a escola e os professores lidam com a diversidade de estudantes presentes em uma mesma sala de aula? Tal diversidade é levada em conta na organização das interações nas aulas? O que fazer com o ensino tradicional ainda prevalecente em contexto escolar?

Comumente, questionamo-nos sobre o crescente desinteresse dos estudantes pelas áreas científicas e pela educação formal. E aliado a isso, as dificuldades em lidar com a falta de engajamento e motivação para os estudos e aprendizados dos conteúdos escolares e a constatação de que a intensidade das mudanças na sociedade propicia novas realidades e cenários, que suscitam currículos mais abertos, comprometidos com a formação cidadã crítica, no sentido de "ambientalizar-se, ambientalizar o currículo, ambientalizar a escola" (Santos *et al.*, 2010, p. 152).

Em convergência, Química em Ebulição é muito mais que um título em alusão ao ensino de química, representa todo esse movimento de debates fervorosos, em que as ideias fervem, carregadas de muita energia, como se estivessem prestes a transbordar, criando um cenário ideal de efervescência, que possibilita a livre difusão dos conhecimentos químicos. Pois "[...] estar no mundo necessariamente significa estar com o mundo e com os outros" (Freire, 1996, p. 64).

De volta ao processo de ebulição, permitamos que a energia que nos move para o desenvolvimento intelectual e científico do estudante nos impulsione a vencer a pressão do ensino tradicional e que a efervescência de ideias acenda e estoure, e dispersem um ensino de química significativo em um processo irreversível de transformação singular.

REFERÊNCIAS

ABREU, R. G. de; LOPES, A. C. A interdisciplinaridade e o Ensino de Química: uma leitura a partir das políticas de currículo. *In*: SANTOS, L. P. dos; MALDANER, O. A. (orgs). **Ensino de química em foco**. Ijuí: Ed. Unijuí, 2010.

CHASSOT, A. Diálogos de aprendentes. *In*: SANTOS, L. P. dos; MALDANER, O. A. (orgs). **Ensino de química em foco**. Ijuí: Ed. Unijuí, 2010.

FREIRE, P. **Pedagogia da autonomia.** São Paulo: Paz e Terra, 1996.

MALDANER, O. A. **A formação inicial e continuada de professores de química**: professores/pesquisadores. Ijuí: Ed. Unijuí, 2000.

MILLAR, R. Um currículo de ciências voltado para a compreensão por todos. **Revista Ensaio**, Belo Horizonte, v.05, n.02, p.146-164, outubro de 2003.

SANTOS, W. L. P. dos; GALIAZZI, M. do C.; PINHEIRO JUNIOR, E. M.; SOUZA, M. L. de; PORTUGAL, S. O enfoque CTS e a educação ambiental: possibilidades de "ambientalização" da sala de aula de ciências. In: SANTOS, L. P. dos; MALDANER, O. A. (orgs). **Ensino de química em foco**. Ijuí: Ed. Unijuí, 2010.

SCHNETZLER, R. P. Apontamentos sobre a história do ensino de química no Brasil. *In*: SANTOS, L. P. dos; MALDANER, O. A. (orgs). **Ensino de química em foco**. Ijuí: Ed. Unijuí, 2010.

ZANON, L. B.; MALDANER, O. A. A química escolar na inter-relação com outros campos do saber. *In*: SANTOS, L. P. dos; MALDANER, O. A. (orgs). **Ensino de química em foco**. Ijuí: Ed. Unijuí, 2010.

SEÇÃO 1 – EXPLORANDO AS FRONTEIRAS: PESQUISA NO ENSINO DE QUÍMICA PARA A EDUCAÇÃO BÁSICA

1

EDUCAÇÃO SEM RUMO – NOSSOS PLACEBOS ETERNOS NEOLIBERAIS

Pedro Demo
Cristiano de Souza Calisto
Pollyana Maria Ribeiro Alves Martins

A PESQUISA COMO PRÁTICA PARA A APRENDIZAGEM

No contexto neoliberal atual, caracterizado por rápidas transformações e crescentes desafios sociais, torna-se imperativo repensar o papel da Educação. Nesse cenário, a pesquisa desempenha um papel fundamental enquanto prática pedagógica capaz de ressignificar os processos de ensino e aprendizagem, de forma a superar a prática da educação meramente reprodutiva, que tem por objetivo tanto a mera transmissão reprodutiva do conhecimento quanto, mesmo que de forma velada, a manutenção das estruturas de poder existentes, por meio de sua reprodução (Bourdieu; Passeron, 1975). Tomar a pesquisa como princípio científico e educativo estimula toda comunidade escolar, em especial aos estudantes, a compreensão de conceitos, habilidades críticas como análise, questionamento e resolução de problemas, fazendo com que a aprendizagem seja um ato de emancipação intelectual e autoral, em rebeldia aos ditames neoliberais, impostos por políticas e normativos equivocados ou de interesses inconfessáveis.

Historicamente, a escola tem sido um local onde o conhecimento é, na maioria das vezes, transmitido de forma bastante estática e as políticas educacionais marcadas pela "produtividade da escola improdutiva", conforme o *insight* perspicaz de Frigotto (1989), revisto 30 anos depois (2018). Nosso ensino persiste tributário da "reprodução", como consta de Bourdieu e Passeron (1975), mesmo que esta visão, a reboque da leitura althusseriana de Marx

(1971; 1980), esteja ultrapassada por força de seu viés determinista. Na prática, a escola é palco docente, sendo estudante apenas um cliente, seja em políticas implementadas tanto pelos governos de direita e de esquerda. No entanto, a pesquisa como prática educativa é dinâmica, processo em que estudantes são protagonistas do seu aprendizado. Através da investigação científica, estudantes não apenas aprendem sobre ciência, mas também a fazem, aplicando seus conhecimentos em experimentos práticos que refletem desafios reais do mundo moderno. Este envolvimento ativo ajuda a solidificar o aprendizado e a incentivar uma relação mais significativa com o conteúdo estudado.

A pesquisa como prática de aprendizagem também apoia o desenvolvimento de um pensamento científico rigoroso. Em vez de responder a questões predeterminadas com respostas conhecidas, os estudantes aprendem a formular suas próprias perguntas, um passo crucial na condução de investigações originais. Nesse sentido, o princípio da pergunta e da pesquisa é fundamental, porque está na raiz da consciência crítica questionadora. Entra aqui o despertar da curiosidade, da inquietude, do desejo de descoberta e criação, sobretudo atitude política emancipatória de construção do sujeito social competente e organizado (Demo, 2011). Este aspecto da educação pela pesquisa é essencial para formar não apenas futuros cientistas, mas cidadãos capazes de pensar criticamente e de interagir com o mundo de maneira mais informada e responsável.

Docentes desempenham um papel vital ao guiar e inspirar os estudantes a explorar e descobrir. Ao invés de se verem como os únicos detentores do conhecimento, transformam-se em mentores que apoiam estudantes em suas jornadas de descoberta. É primordial que faça parte da natureza da prática docente a indagação, a busca, a pesquisa. É preciso que, em sua formação permanente, o professor se perceba e se assuma, porque professor, como pesquisador (Freire, 1996). Dessa forma, considerando a necessidade de transformar o processo educativo na Educação Básica, nós, educadores de todas as áreas do conhecimento, somos convocados a assumirmos a responsabilidade de lutar por uma formação docente que favoreça a adoção da prática da experimentação e da pesquisa, de modo que sejam explorados caminhos que possam levar a uma Educação de qualidade formal e política, que prioritariamente tenha a pesquisa como princípio pedagógico.

Embora possamos vislumbrar caminhos possíveis para a revitalização da experiência educativa, na realidade, a educação continua desorientada e sem rumo. Por mais incrível que pareça – ou por um "ato falho" clamoroso –, a BNCC sinaliza, como algo caído de repente do céu, a "recriação da escola" (Brasil, 2018, p. 462). É uma indicação peregrina, perdida, um arrufo eventual. Não vale, por certo. Não seria um texto retrógrado como é a BNCC que iria fazer este milagre (Demo, 2019). Mas, ironicamente, tem razão: a escola precisa ser "recriada", o que significa, mui candidamente, que precisamos de outra proposta, que tenha como compromisso garantir a aprendizagem dos estudantes, sem mirabolâncias.

A BNCC E AS SOMBRAS DO NEOLIBERALISMO

Um importante exemplo do viés neoliberal impregnado na nova/velha Base Nacional Curricular Comum (BNCC) é a reforma do ensino médio, ironicamente chamado de "Novo Ensino Médio" – Lei nº 13.415/2017, que traz o velho travestido de novo, uma vez que em essência os princípios fundamentais da reforma também estiveram presentes em reformas anteriores, como as implementadas pela Lei nº 5.692, de 11 de agosto de 1971, a qual fixava Diretrizes e Bases para o Ensino de 1° e 2° Graus, e os Parâmetros Curriculares Nacionais (PCN), instituído pelo Decreto 2.208/1997 (Araújo, 2023). Portanto, muito mais que uma ponte, a reforma é mesmo um atalho para o passado (Cunha, 2002; Araújo, 2023). A BNCC claramente tem por objetivo a reprodução do atual sistema social, político e econômico. A serviço dos interesses neoliberais, a BNCC busca reforçar o *status quo*, posto que *toda formação social, para existir, ao mesmo tempo que produz, e para poder produzir, deve reproduzir as condições de sua produção. Ela deve, portanto, reproduzir: 1) as forças produtivas; 2) as relações de produção existentes* (Althusser, 1980, p. 58). Portanto, na esteira da contemporânea onda neoliberal e conservadora, em que se observa o fortalecimento de propostas de mercantilização da educação, do "homeschooling", do "escola sem partido", do revisionismo histórico, do negacionismo científico e do terra planismo é que se instala, em 2017, a reforma do Ensino Médio (Novo Ensino Médio) e a implementação da Base Nacional Comum Curricular (BNCC).

A Base é, como sempre entre nós, uma proposta de ensino, não de aprendizagem, embora, insidiosamente, para nos confundir, chame de "habilidade" o que é mero repasse de conteúdo (por isso cada conteúdo é alfanumericamente marcado, para que nenhum se perca; estudantes se perdem, quase todos; conteúdo curricular, não!). Como observado por Araújo (2023), do ponto de vista político e pedagógico tem ocorrido o resgate de estratégias e discursos já fracassados no contexto educacional brasileiro e que só alimentaram o dualismo na educação, a segmentação da oferta e as desigualdades escolares. A reforma foi imposta apenas do ponto de vista curricular, e com interesses bastante objetivos, sem que fossem disponibilizados os necessários recursos financeiros para a efetiva realização de formação docente, para a melhoria na estrutura das escolas e para a criação de condições propícias para a implementação dos itinerários formativos. As mudanças curriculares realizadas não conseguem responder às reais necessidades de aprendizagem dos estudantes brasileiros e nada é mais neoliberal que uma escola na qual quase ninguém aprende, confirmando a subalternidade de grandes maiorias, enquanto a elite econômica se mantém privilegiada (Demo, 2023).

A referência à "recriação da escola" não é mesmo coisa nova, consta explicitamente no texto das Diretrizes Curriculares Nacionais (DCN) para a Educação Básica de 2013. Naquele ano, em substituição das Diretrizes Curriculares Nacionais para o Ensino Fundamental e o Ensino Médio (1998), as diretrizes foram atualizadas para subsidiar e unificar as orientações pedagógicas e curriculares para todas as etapas da Educação Básica no Brasil, abrangendo a Educação Infantil, o Ensino Fundamental e o Ensino Médio. Já neste documento surge o chamado direto à transformação estrutural e conceitual das instituições educacionais. Com o emblema de promover uma educação de qualidade e equitativa para todos os alunos, garantindo que as escolas de todo o país seguissem padrões mínimos de ensino, o estado intenciona suprir uma necessidade crescente de padronizar as práticas educativas em todo o território nacional, com a elaboração das DCN. Essa foi a estratégia adotada para que todos os estudantes tivessem acesso aos mesmos conteúdos, o que supostamente levaria a uma educação de qualidade para toda a população, independentemente da região ou escola que frequentassem. Com um foco robusto no que deve ser ensinado, vem a ilusão de estar ali a solução para a mediocridade da educação que empreende esforços descomunais para amarrar uma estrutura curricular com todo o cuidado para que nenhum conteúdo se perca no caminho, avançando de forma absolutamente tímida numa abordagem centrada na aprendizagem, no desenvolvimento integral, na adaptação às necessidades específicas e desenvolvimento da autonomia dos estudantes.

Há um conforto imaginário que documentos como as Diretrizes Curriculares Nacionais proporcionam à comunidade escolar. O nível de detalhamento sobre quais conteúdos devem ser ministrados geram uma sensação de segurança entre professores e gestores escolares, fazendo-os acreditar que, ao seguir essas diretrizes, automaticamente promoverão uma educação de qualidade. São esses tipos de placebos neoliberais, como as DCN, por exemplo, apresentada tal qual uma "pílula mágica", cuidadosamente embrulhada e rotulada com promessas de excelência e padronização em que nosso sistema educacional tem se sustentado. Os professores, como os administradores dessa pílula, seguem as instruções, acreditando que estão fornecendo o remédio ideal para uma educação de qualidade.

Assim, continuamos a ingerir as "pílulas" das políticas educacionais neoliberais, nos aliviando com uma sensação de conforto e segurança ilusória. Qualquer diagnóstico, mesmo o mais comezinho, até com base no Ideb, Pisa, Enem etc., indica – veementemente – que o sistema escolar não funciona: enquanto repassa os conteúdos, os alunos não aprendem. O "aprendizado adequado", expressão usada no Ideb para mensurar o que seria "adequado", algo controverso ao extremo, mostra um desempenho totalmente inaceitável de uma escola que, em sua grande maioria, é frequentada em vão: estudantes perdem seu tempo, são enganados todo dia escancaradamente.

ORIGENS DA FALTA DE RUMO

Há muitas. Uma muito relevante, e muito mal resolvida entre nós, é a falta de diagnóstico, mesmo havendo dados (bem controversos, muito embora) abundantes, porque não se quer ver o que acontece dentro da escola. Em geral, só mudamos o que diagnosticamos, como sugere a medicina: até câncer pode ter tratamento, se houver diagnóstico. A medicina também considera que todo diagnóstico é aproximativo e recomenda que os pacientes consultem outros médicos (Zhao, 2018; 2021). Em educação, não, porque somos em geral sacerdotes/profetas oraculares. Dispensamos diagnosticar, porque temos a visão perfeita do ensinador contumaz que sempre sabe o que é melhor para o aluno (Demo, 2023a). Ensinar basta. O aluno se ajeita.

Para diagnosticar usamos dados e estes sempre são um processo/produto controverso, em parte naturalmente, porque a ciência crítica autocrítica não vai além disso: trabalha com uma realidade reconstruída (por vezes inventada!), do ponto de vista do observador. Não há como consensual o que seria "aprendizado adequado", por ser conceito prenhe demais, feito também de ideologias à flor da pele e implicar uma discussão sem fim do que é aprender (Dehaene, 2020). Sendo aprendizagem dinâmica tão complexa, que se confunde com a vida, não é viável haver um posicionamento unânime, que seria ditatorial e superficial. Dehaene, por exemplo, é cognitivista positivista, não gosta da pesquisa como pedagogia, mas, mesmo assim, é digno de ser citado, porque reconhece que órgão passivo não aprende e que grande parte das nossas aulas são inúteis (Dehaene, 2020, p.178), como por exemplo têm sido inúteis – escrachadamente – as aulas de matemática, como regra, no Ensino Médio (EM). Há outras razões para aceitar a controvérsia como parte crucial da aprendizagem: aprendemos quando divergimos; enquanto dizemos amém, só rezamos! (Demo, 2021).

A falta de diagnóstico é comum nos programas de formação original do docente básico na universidade. Se seguissem, minimamente, o desempenho escolar, saberiam que, por exemplo, o aprendizado de matemática é terrível, desde os Anos Iniciais (AI) e só piora nas etapas posteriores, tornando-se o aprendizado adequado no EM residual em geral. Saberiam que as aulas de matemática no EM, como regra, são inaproveitáveis, a ponto de já nos conformarmos com esta miséria: licenciado em matemática tende a não conseguir que o aluno aprenda matemática. É um dos licenciados mais estratégicos hoje (matemática é signo fundamental da inclusão laboral, sobretudo no mundo digital e Inteligência Artificial), mas o de menor desempenho escolar (Demo, 2021). A falta de diagnóstico aparece onde menos se espera, por exemplo, em Planos Nacionais de Educação. Vamos agora inventar o próximo, sem diagnóstico mínimo. Todos queremos 10% do PIB aplicado em educação, porque temos a convicção generalizada de que é investimento dos mais adequados no futuro do país. No entanto, não faz sentido colocar mais dinheiro num sistema feito para não funcionar. É irresponsável. É urgente perceber isso, porque educação não é só orçamento, é sobretudo formação, e esta não existe na escola que temos, com poucas exceções. Vale o mesmo para Conae, que persiste como "pastelão do ensino", divorciado da realidade escolar: a escola que temos não pode mais continuar, porque depreda o aluno mais pobre e que é a grande maioria. Faz-se-de-conta que educação adequada é a que temos "funcionando", cinicamente. Precisa, por certo, de ajustes eventuais, mas, no todo, é a proposta a ser mantida. Até a BNCC sabe que não funciona mais.

No entanto, como é assunto muito complexo, não podemos simplificar sem mais. Enquanto gastar mais com a ineficiência não faz sentido, é preciso pagar bem melhor os docentes e equipar muito mais a escola. Pagar melhor aos docentes é imprescindível, também para sermos coerentes com uma das equações mais esperadas da educação: se o professor é a imagem de que educação não vale a pena como profissão, nada se salva, como constou da pesquisa do Elacqua *et al.* (2018) (Profissão professor na América Latina – por que a docência perdeu prestígio e como recuperá-lo?): embora em contexto neoliberal, os resultados são muito significativos. Entre outras mazelas, aparece que, enquanto só 5% dos estudantes de 15 anos de idade dizem querer ser professores (pergunta feita no Pisa), a matrícula na área da educação é de 20% nas universidades. O estudo conclui que educação é "refúgio" para quem quer um curso barato e acessível... Equipar melhor as escolas é imprescindível, porque grande parte é prédio inaceitável, embora o problema da qualidade logo aponte: de que vale colocar um laboratório de ciência na escola se o docente não saberia usar? Não é culpa dele; não tem formação para isso, que lhe foi negada na faculdade.

Como visto anteriormente, o desafio do diagnóstico toca a questão sensível da avaliação escolar, também evitada, ecoando a promoção automática generalizada. Qualquer diagnóstico vai descobrir rapidamente: i) ainda se reprova indevidamente; ii) aprova-se sem aprender. São duas fraudes generalizadas. Ao invés de assumir que isso precisa acabar, vamos esticar. O sentido da avaliação é cuidar, ou seja, pedagógico. É similar ao da medicina. Tanto não faz sentido, achando um câncer, dizer que é resfriado para agradar o paciente, quanto não cabe usar avaliação para excluir. Existe a querela sobre avaliação classificatória, bem questionada por Vasconcellos (2010): pedagogicamente deve ser evitada, porque, se o estudante aprende o que consegue, não cabe reprovar. Será reprovado em comparação com outros, não por seu desempenho, ter sido ou não o adequado. No entanto, toda avaliação é classificatória, formal e resultado de diretriz política. Em termos formais, porque, sendo uma linearização lógica do desempenho, separa em superior e inferior. O próprio sistema educacional retrata isso quando define um tipo de educação como "superior"! Avaliar sempre implica comparar, no mínimo consigo mesmo. Em termos políticos, porque educação, sendo dinâmica dialética, reflete as estruturas de poder na sociedade, e isso tem sido um desafio descomunal na escola, fixando a elite no topo, e a ralé no chão. Avaliação pode ser arma docente peremptória. Uma das críticas ao Pisa é estar se tornando "império cognitivo", a gestão centralizada única supremacista de avaliação educacional, abertamente neoliberal, produtiva e competitiva (Demo, 2023b), a ponto de insinuar que, para termos os resultados em matemática da Singapura (o maior em 2022), implica ambiente ditatorial, como sempre questionou Zhao (2014). Se todo discurso é um dispositivo de poder (Foucault, 2000), avaliação é exasperadamente risco de prepotência.

Por isso, em que pese a boa intenção de muitos educadores que criticam a avaliação classificatória, a finalidade precípua da escola é classificar, começando por separar quem pode frequentar escola privada, e quem tem de aturar a escola pública. Podemos, contudo, com devida autocrítica, cercear ou refrear os laivos classificatórios, buscando pedagogias formativas que desenvolvam as potencialidades de cada estudante, evitando comparar. A educação está sem rumo. Há muito é assim, desde as críticas severas de Anísio Teixeira (1994), passando por Darcy Ribeiro ("a crise da educação não é uma crise; é um projeto") (Roitman, 2022), até Paulo Freire (2006). Por um conluio histórico pouco compreensível, exceto talvez pelo encontro elitista de fundo (burguesia e pequena-burguesia), esquerda e direita mantêm o sistema inepto escolar avassaladoramente instrucionista.

O EFEITO DESAPRENDIZAGEM NA EDUCAÇÃO BÁSICA

Por certo, não é exagero dizer que, guiada pela BNCC, as escolas brasileiras mais deseducam do que educam, provocando um forte efeito "desaprendizagem", que torna os alunos "vítima de aula" em um ciclo vicioso de aula, prova, repasse, aula, prova (Demo, 2018). Por ilustração, pode-se tomar a referência do Ideb (2021) para que se compreenda o efeito desaprendizagem. Em matemática, nos Anos Iniciais (AI), o aprendizado adequado foi, para o

Brasil, de 37%, uma mixaria totalmente indigesta; nos Anos Finais (AF), cai para 15%, uma cifra já kafkiana; no Ensino Médio (EM), é um resíduo: 5%! Em língua portuguesa, o aprendizado adequado foi, nos AI, de 51% (esta cifra está 14 pp acima da de matemática, mas é uma infâmia: metade aprendeu; sem falar que matemática é muito maltratada já no início); nos AF, cai para 35% (um terço aprendeu); no EM, cai para 31% (menos de um terço). A queda em língua portuguesa é menor, claramente, o que já indicaria que a miséria escolar não precisa ser tão devastadora. Na escola privada, o aprendizado adequado de matemática foi de 70%, muito acima da escola pública, mas ainda muito insuficiente; nos AF, cai para 47% (menos da metade); no EM, fica em 34% (um terço). Na elite socioeconômica, só um terço aprendeu matemática no EM, o que indicaria que dois terços foram jogados ao mar. Em língua portuguesa, o aprendizado adequado nos AI foi de 81% (11 pp acima de matemática, e esta também é maltratada já no início); cai para 67% nos AF (dois terços); sobe para 70% no EM (indica que é possível impedir a queda sistemática).

A melhor escola básica nacional é pública, não privada: é a federal, embora, também tipicamente, tenha cobertura de aproximadamente apenas 1% da educação brasileira, é elitista, pequeno-burguesa, própria de uma nomenclatura esperta. Não só nela se aprende melhor, é a mais bem apetrechada: por exemplo, em 2023, 86% tinham laboratório de ciências; na privada, 21%; na pública (média), 10%. É um escândalo, no mau e no bom sentido, se assim fosse possível dizer! No mau sentido, porque serve a uma ínfima minoria; no bom sentido, porque temos a escola de que os mais pobres precisam, sabemos fazer, embora a reservemos para os "parças". O aprendizado adequado na federal, em matemática, foi de 77%, muito acima da pública, também da privada (em relação a esta, 7 pp acima), mas a cifra é modesta; nos AF, desce para 72%, muito pouco; e no EM, despenca para 35%, um desastre inominável, quase o mesmo da privada (1 pp acima). Em língua portuguesa, nos AI, o aprendizado adequado foi de 89%, uma cifra bem interessante; nos AF, ficou em 83% (caiu 6 pp, mas ainda é animadora); no EM, ficou em 75%, cifra muito baixa. Embora seja a melhor escola, de longe, carrega mazelas sistêmicas comuns que poderíamos/deveríamos superar. A pequena-burguesia faz pelo menos dois gestos importantes para melhorar o desempenho: i) contrata professores melhores, muitos com pós *stricto sensu*; ii) equipa bem melhor, como é o caso do laboratório de ciência, um item muito sensível da qualidade da escola. Assim, a escola federal é a melhor, mas está em rumo equivocado também, ainda instrucionista, conteudista. Não consegue impedir o "efeito desaprendizagem" endêmico no país (Demo, 2021), sobretudo em matemática.

Sobre essa realidade de uma oferta de uma educação pública de qualidade para poucos, advinda da esfera federal, é importante destacar que este cenário vem se modificando em função de uma política forte da expansão da Rede Federal de Educação Profissional e Tecnológica, com a criação dos Institutos Federais, iniciada em 2008, que aumentou significativamente o número de vagas e de escolas espalhadas por todo o Brasil. O fortalecimento e a ampliação do número de Institutos Federais (IFs), ou a disseminação de suas políticas e práticas para as esferas municipais e estaduais, poderia sinalizar um importante salto qualitativo, necessário para a educação brasileira. Isso porque, além de afirmar uma educação profissional e tecnológica como instrumento realmente vigoroso na construção e resgate da cidadania e da transformação social (Pacheco, 2010), os IFs aderiram às licenciaturas, particularmente, no ensino de ciências, como previsto nos artigos 6º e 7º da Lei nº 11.892/2008, em que estão descritas suas finalidades, características e objetivos.

As questões sobre a qualidade das licenciaturas são pouco abordadas nas políticas do estado brasileiro, especialmente em relação à expansão da oferta dos cursos de licenciatura. E neste contexto se insere a ampliação da oferta das licenciaturas nos IFs, em que as políticas garantem o aumento da oferta, mas sobre a qualidade dessa formação, parece ser algo posto, que não precisa ser construído (Lima, 2014). Se apenas o aumento da oferta já supre de alguma forma a lacuna do "apagão" na profissão docente, sabemos que, para combater o efeito desaprendizagem, é necessário um esforço bem maior e mais robusto.

NOSSOS PLACEBOS ETERNOS NEOLIBERAIS

Comentamos aqui algumas políticas educacionais que, ao invés de procurar outro rumo, insistem no mesmo, pois não se imagina haver outro, mesmo nos governos de esquerda. Começo por um dos mais recentes, o pé de meia para reter estudantes do ensino médio na escola. Como assistência, pode ser indicação aceitável, já que, em termos do salário-mínimo constitucional, este está 5 vezes abaixo, o que também justifica o Bolsa-Família: é necessário e constitucional. Mas é uma inclusão marginal, que só serve para a ralé, um tipo de "cala-boca". Ao invés de encarar razões por que o sistema produtivo não inclui minimamente as pessoas – cada vez menos isso ocorre e cada vez há mais oneração de custos da folha de pagamento, sem qualquer mudança relevante. Ocorre que o neoliberalismo há muito desistiu de incluir a população na economia e aderiu, num abraço grande da esquerda e da direita, a assistência, em si relevante, mas sem qualquer efeito estrutural. Ao contrário, exacerbam tais iniciativas a pobreza política escrachadamente (espera-se do opressor a libertação).

Quando a solução são soluços assistenciais, é porque mudança estrutural não está mais em discussão. Não estamos dizendo isso por qualquer argumentação marxista ou vinda de qualquer outro "ismo" (humanismo, cristianismo, moralismo, socialismo etc.), mas por mera questão de bom senso: quando as maiorias não estão incluídas, o sistema periclita, balança, não se equilibra ou estabiliza, porque apenas uma elite e seus asseclas (pequenas burguesias) se beneficiam. Precisamos de outras ideias, outros horizontes, que podem aprender do passado, mas precisam mirar o futuro. A ideia de "pagar" pelo desempenho escolar é tipicamente neoliberal, porque se postula que quem se desempenha melhor precisa de incentivo. Tenta-se isso com docentes também, e nunca foi um programa minimamente crível, porque logo implanta a insídia entre colegas (entre quem ganha e não ganha), sem falar que muitas justificativas são ignorantes, como ligar linearmente o desempenho do aluno ao desempenho do professor. Ainda se crê que aprendizagem vem do ensino, do repasse de conteúdo, quando a neurociência já derrubou isso há muito tempo, sem falar que Sócrates já sabia (maiêutica). Cuidar que o aluno aprenda é tarefa docente primordial, muito acima de repassar conteúdo. Há que pagar salários decentes, não impor segregações odiosas.

Todas essas assistências, embora fundamentais, são minimalistas, porque é item crucial de sua viabilidade, como é, tipicamente, o Bolsa-Família ou a tal "renda de cidadania" (Suplicy). O equívoco maior, porém, é postular que o problema está na dificuldade de o aluno permanecer na escola, por conta de sua pobreza, que é, sim, um pedaço da história. Ignora-se outro pedaço: não vale a pena frequentar a escola do pobre, porque é feita para o empobrecer. Nisto não se mexe. O estudante, então, pode completar o EM por conta da assistência (chamada pé-de-meia, porque para pobre resíduos são pé-de-meia), mas não se pergunta se teve aprendizado adequado satisfatório. Não se coloca esta questão, porque ela arrebentaria o sistema: como inventar um desempenho adequado para pobre que nunca aprendeu matemática na escola? Vai levar – assim esperamos – a assistência, que lhe pode ser muito útil, mas a finalidade escolar propriamente dita continua sequestrada.

Um placebo constante, endêmico, é inventar programas inovadores que imaginam realizar-se dentro do sistema caduco, apenas ajeitando teteias. Exemplo disso foi a escola integral, uma ideia importante, necessária, mas entendida de modo instrucionista. A primeira percepção foi ter mais tempo de aula, porque se fantasia que o aluno precisa de mais aula. Foi comum, então, usar a manhã para repassar currículo, e a tarde para "Mais Educação", restrita a eventos em geral fúteis, para ocupar o tempo. Não se chegou à ideia correta de que escola integral não é, primordialmente, aumentar o tempo de escola, mas o tempo de aprendizagem. Em parte, isto se deve ao próprio professor que mantém sua aula como centro da escola, sendo na verdade típica mediação. A aprendizagem nunca dependeu de aula, pois ocorre na mente do estudante. Mas todo profeta é assim: acha que Deus depende dele! Não se sabe aproveitar a ideia preciosa da escola integral para "recriar a escola", passando do instrucionismo para um sistema comprometido com aprendizagem autoral.

Inovação virou enfeite instrucionista, como são "metodologias ativas" (Bacich; Moran, 2018), ou a "sala de aula invertida", ainda mais cínica: ao invés de inverter o que se mostra inútil, por que não acatar o compromisso com a autoria do estudante? Um dos desafios maiores que temos no sistema é repensar radicalmente o papel docente. Embora hoje seja o caso retirá-lo de um pedestal falso escolar – é mediador, não imperador da escola – mantém sua função primordial pedagógica, com tarefas exclusivas (ensinar, avaliar, aprovar, reprovar, organizar a sala de aula etc.), e pode, se quiser, inviabilizar qualquer mudança. Como em geral não damos conta do professor, uma saída (inútil, por sinal) é declará-lo desimportante, secundário. Em geral, o que se tem chamado "comunidade de aprendizagem" comete este equívoco e, por sinal, se consegue acolher bem o estudante marginalizado, não consegue construir um ambiente emancipatório, que exige manejar conhecimento desconstrutivo e reconstrutivo, acadêmico e sobretudo evolucionário, requerendo outro tipo de professor. Libâneo anotou (2012), mui acidamente, o que chamou de dualismo perverso da escola pública brasileira: para o pobre acolhimento; para o rico conhecimento. Foi um *insight* contundente. Para lidar com conhecimento emancipatório é preciso um professor cientista, autor, pesquisador, que não temos, em geral. Em grande parte – arrisco alegar – não saímos do instrucionismo, porque não valorizamos devidamente o professor. Como mentor do projeto pedagógico escolar, com função estratégica, precisa mudar.

Nunca, no Brasil, conseguimos cuidar realmente dos estudantes, que deveriam ser a razão da escola. Se eles fossem realmente a razão da escola, esta seria totalmente outra. O neoliberalismo, porém, não é sucedâneo de outras mazelas que vão por nossa conta. É impressionante como docentes gostam de ensinar, sem alguma vez ter perguntado se o aluno quer ser ensinado. A escola nunca foi do estudante. É um púlpito docente, tal qual na igreja, onde o pastor, de porta-voz, se faz dono da divindade. Na complexidade do neoliberalismo, podemos realçar aqui pelo menos dois impactos mais preocupantes: i) a imposição de um modelo único centralizado de educação privatizante, voltado para a produtividade e competitividade, gerido pelo Pisa e programas similares que produzem uma camisa de força global, asfixiando todos os sistemas escolares, aparentemente manipulando posturas também mais à esquerda; esta imposição aparece no fato recorrente de que, mudando governos, a política educacional não muda substancialmente, porque prevalece um paradigma visto como normalizado e normatizado; velhas ideias ligadas à formação geral como princípio fundante da educação pública vão sendo expurgadas, entrando em seu lugar os requisitos do mercado livre desregulado que usa educação como serva reprodutiva (Stoco, 2023; Demo, 2023); esta camisa de força está no Ideb, no Enem e outros programas alinhados à subserviência economicista da educação; ii) o empobrecimento da população e redução da atividade econômica marcam o maior do neoliberalismo econômico, incluindo países ricos (Desmond, 2023) e reduzindo dramaticamente as oportunidades educacionais, seja na oferta (precarizada), seja na demanda (dificuldade de aproveitamento adequado); pobreza não elimina a chance de aprender, mas compromete, por vezes, drasticamente e consolida um estilo de educação pobre para o pobre. No neoliberalismo a educação realiza, à perfeição, seu mandato subserviente: para os ricos conhecimento; para os pobres acolhimento (Libâneo, 2012).

Nossa educação ainda não tem rumo adequado, que é cuidar da aprendizagem do estudante, de sua formação integral.

REFERÊNCIAS

ALTHUSSER, L. **La revolución teórica de Marx.** México: Siglo XXI Editores, 1971.

ALTHUSSER, L. **Ideologia e aparelhos ideológicos de Estado**. 3 ed. Lisboa: Editorial Presença, 1980.

ARAÚJO, A. **Por um projeto alternativo ao "Novo Ensino Médio".** Sindicato dos Professores no DF. Brasília, 13 de março de 2023. Projetos Pedagógicos. Disponível em: https://www.sinprodf.org.br/por-um-projeto-alternativo-ao-novo-ensino-medio/. Acesso em: 07 jun. 2024.

BACICH, L.; MORAN, J. (orgs.). **Metodologias ativas para uma educação inovadora.** Porto Alegre: Penso, 2018.

BOURDIEU, P.; PASSERON, J.C. **A reprodução:** elementos para uma teoria do sistema educativo. Rio de Janeiro: Francisco Alves, 1975.

BRASIL. **Base Nacional Comum Curricular**. Brasília: Ministério da Educação, 2018. Disponível em: http://basenacionalcomum.mec.gov.br/a-base. Acesso em: 08/07/2024.

BRASIL. **Lei nº 13.415, de 16 de fevereiro de 2017**. Dispõe sobre a reforma do ensino médio brasileiro, Brasília DF, 2017. Disponível em: https://www.planalto.gov.br/ccivil_03/_ato2015-2018/2017/lei/l13415.htm Acesso em: 08 jul. 2024.

BRASIL. **Diretrizes Curriculares Nacionais Gerais da Educação Básica**. Ministério da Educação. Secretaria de Educação Básica. Diretoria de Currículos e Educação Integral. Brasília: MEC, SEB, DICEI, 2013.

CUNHA, Luiz Antônio. **A educação na cidade.** Petrópolis: Vozes, 2002.

DEHAENE, S. **How we learn:** why brains learn better than any machine… for now. New York: Viking, 2020.

DEMO, Pedro. **Mitologias da avaliação:** de como ignorar, em vez de enfrentar problemas. Campinas: Autores Associados, 2010, 87p.

DEMO, P. **Aprender a aprender:** neoliberal? 2011 - Disponível em: https://docs.google.com/document/pub?id=1q2eoDLHKvk72FjwCaMEDNytOXnpPMk_33rB_TAeU-Is Acesso em: 08 jul. 2024

DEMO, P. **BNCC:** ranços e avanços. 2019. Disponível em: https://drive.google.com/file/d/1iNN-LQuf-9rJe6wFQoHl9kQzUKqjzDBj/view Acesso em: 08 jul. 2024

DEMO, P. Aprendizagem é questão controversa: porquanto, controvérsia é essencial para aprender. **Blog Pedro Demo**. 2021- Disponível em: https://pedrodemo.blogspot.com/2022/01/ensaio-759-aprendizagem-e-questao.html Acesso em: 08 jul. 2024

DEMO, P. Formação de professores básicos na universidade: indicações preliminares de um adestramento obsoleto. **Blog Pedro Demo**. 2021a. Disponível em: https://pedrodemo.blogspot.com/2021/09/ensaio-681-formacao-de-professores.html Acesso em: 08 jul. 2024

DEMO, P. Lições paranaenses. **Blog Pedro Demo**. 2022. Disponível em: https://pedrodemo.blogspot.com/2022/09/ensaio-826-licoes-paranaenses.html Acesso em:08 jul. 2024

DEMO, P. Professor profeta falido. **Blog Pedro Demo**. 2023a. Disponível em: https://pedrodemo.blogspot.com/2023/08/ensaio-971-professor-profeta-falido.html Acesso em: 08/07/2024

DEMO, P. Pisa é um "Império Cognitivo". **Blog Pedro Demo**. 2023b. Disponível em: https://pedrodemo.blogspot.com/2024/01/ensaio-1022-pisa-e-um-imperio-cognitivo.html Acesso em: 08 jul. 2024

DEMO, P. Compromisso nacional: criança alfabetizada. **Blog Pedro Demo**. 2023c. Disponível em: https://pedrodemo.blogspot.com/2023/06/ensaio-953-compromisso-nacional-crianca.html Acesso em: 08 jul. 2024

DEMO, P. Neoliberalismo e educação: uma relação mais que problemática, também mitificada. **Blog Pedro Demo**. 2023d. Disponível em: https://pedrodemo.blogspot.com/2023/06/ensaio-940-neoliberalismo-e-educacao.html Acesso em: 08 jul. 2024

DEMO, P.; SILVA, R.A. Efeito desaprendizagem na escola básica. **Independently published**, 2021. v. 1. 87p. Disponível em: https://drive.google.com/file/d/1jnLdc4Eie3zY0eDbmfMrz6Kac17kVqj0/view Acesso em: 08 jul. 2024

DESMOND, M. **Poverty, by America**. New York: Crown, 2023.

ELACQUA, Gregory; HINCAPIÉ, Diana; VEGAS, Emiliana; ALFONSO, Mariana. **Profesión:** profesor en América Latina, ¿Por qué se perdió el prestigio docente y cómo recuperarlo? Washington DC: BID, 2018. https://doi.org/10.18235/0001172

FOUCAULT, M. **A ordem do discurso.** Tradução Laura Fraga de Almeida Sampaio. 6 ed. São Paulo: Loyola, 2000.

FREIRE, P. **Pedagogia da autonomia.** São Paulo: Paz e Terra, 1996.

FREIRE, P. **Pedagogia do oprimido**. Rio de Janeiro: Paz e Terra, 2006.

FRIGOTTO, G. **A produtividade da escola improdutiva:** um (re)exame das relações entre educação e estrutura econômico-social capitalista. São Paulo: Cortez, 1989.

FRIGOTTO, G. A produtividade da escola improdutiva 30 anos depois: regressão social e hegemonia às avessas. **Revista Trabalho Necessário,** [s.l], ano 13, n. 20, p. 206-233, 2018 - Disponível em: https://www.researchgate.net/publication/326050438_A_PRODUTIVIDADE_DA_ESCOLA_IMPRODUTIVA_30_ANOS_DEPOIS_REGRESSAO_SOCIAL_E_HEGEMONIA_AS_AVESSAS Acesso em: 08 jul. 2024.

LIBÂNEO, J.C. O dualismo perverso da escola pública brasileira: escola do conhecimento para os ricos, escola do acolhimento social para os pobres. **Educação e Pesquisa**, São Paulo, v. 38, n. 1, p. 13-28, 2012.

LIMA, F. B. G. **A formação de professores nos Institutos Federais de Educação, Ciência e Tecnologia:** um estudo da concepção política. Natal: Editora IFRN, 2014.

PACHECO, Eliezer. **Os institutos federais:** uma revolução na educação profissional e tecnológica. Natal: Editora IFRN, 2010.

ROITMAN, I. A crise da educação no Brasil não é uma crise: é projeto. **UnB Notícias**, Brasília, 14 de outubro de 2022. Disponível em: https://noticias.unb.br/artigos-main/6081-a-crise-da-educacao-no-brasil-nao-e-uma-crise-e-projeto Acesso em: 08 jul. 2024.

STOCO, S. Escola pública, por que mesmo? *In*: CORTI *et al.* **Escola pública**: práticas e pesquisas em Educação. Santo André: Ed. UFABC, 2023.

TEIXEIRA, A. **Educação não é privilégio.** 5. ed. Rio de Janeiro: Editora UFRJ, 1994.

VASCONCELLOS, C. **Avaliação:** concepção dialético-libertadora do processo de avaliação. São Paulo: Libertad, 2010.

ZHAO, Y. **Who is afraid of the big bad dragon:** Why China has the best (and the worst) education system in the world. San Francisco: Jossey-Bass, 2014.

ZHAO, Y. **What works may hurt**: side effects in education. New York: Teachers College Press, 2018.

ZHAO, Y. **Learners without borders:** new learning pathways for all students. Corwin, 2021.

2

CONTEÚDO DE "SOLUÇÕES" NUMA OFICINA DIDÁTICA: UMA VIVÊNCIA NO ESTÁGIO SUPERVISIONADO

Camila Hostin Samy
Anelise Grünfeld de Luca
Marilândes Mól Ribeiro de Melo

INTRODUÇÃO

Este texto é resultado de uma vivência realizada no Estágio Supervisionado do Curso de Licenciatura em Química. De modo mais específico, trata-se da análise dos dados obtidos com a implementação de uma oficina didática realizada com 15 estudantes do 2º ano de Ensino Técnico em Informática Integrado ao Ensino Médio. Os instrumentos de coleta de dados utilizados foram questionários estruturados com perguntas abertas, no qual buscou-se explicitar as compreensões dos estudantes sobre o campo conceptual de "soluções", especificamente, quais as ideias sobre a dissolução quando as substâncias entram em contato e se dissolvem.

Considerando que o conteúdo de "soluções" faz parte do plano de ensino do 2º ano do Ensino Médio e está presente no cotidiano das pessoas, nesta prática pedagógica o conteúdo foi abordado por meio da experimentação contextualizada, tendo como recurso por excelência uma oficina didática. O problema que orientou o planejamento de todas as ações desenvolvidas na oficina didática pretende responder à seguinte questão: Quais as compreensões dos estudantes do 2º ano do Ensino Médio Técnico quanto à dissolução das substâncias com a implementação de uma oficina didática?

O objetivo principal foi contribuir para responder à questão anterior através da análise dos dados coletados na oficina didática sobre o conteúdo de "soluções", utilizando a experimentação contextualizada e a participação ativa dos estudantes. Como objetivos específicos, visou-se: valorizar os conhecimentos prévios dos estudantes sobre o conteúdo de "soluções"; realizar atividades experimentais envolvendo o conteúdo de dispersões (suspensões, coloides e "soluções") e solução saturada, insaturada e supersaturada; estimular a relação do conteúdo de "soluções" com o cotidiano; explicitar a parte conceitual quanto aos conhecimentos químicos envolvidos neste tema e investigar as compreensões dos estudantes quanto aos conceitos químicos desenvolvidos.

Ressalta-se a importância dessa abordagem considerando os trabalhos de Carmo e Marcondes (2008) e Echeverría (1996), que elegeram o tema de "soluções" para ser investigado com estudantes do Ensino Médio, considerando-o um campo conceitual potencialmente significativo como forma de promover a compreensão e sistematização de outros conceitos químicos fundamentais como mistura, substância, ligações químicas, modelo corpuscular da matéria e interação química, entre outros (Echeverría, 1996). Como considerações destas investigações, as pesquisadoras demonstraram que "os estudantes fornecem explicações macroscópicas aos conceitos relacionados às "soluções", influenciados pelos aspectos observáveis e pelas experiências que vivenciam em seu cotidiano" (Carmo; Marcondes, 2008, p. 38). Echeverría (1996, p. 17), sobre o mesmo aspecto, afirma que "se o ensino de "soluções" priorizou os aspectos quantitativo e macroscópico, não era de se esperar que os alunos entendessem, por exemplo, "o papel da água na dissolução".

Nessa perspectiva, este trabalho privilegiou a abordagem do conteúdo de "soluções" com os estudantes do 2º ano buscando perceber as ideias por eles apropriadas sobre este assunto, considerando que já as haviam estudado em aulas curriculares, e a oficina didática tinha a intenção de promover uma revisão e aprofundamento dos conceitos sobre "solução", dissolução e diluição, entre outros. Pretendeu-se com esta abordagem proporcionar reflexões sobre a importância de desenvolver esse conteúdo para a construção de uma representação submicroscópica do processo de dissolução, considerando as pesquisas de Treagust, Chittleborough e Mamiala (2003), e corroborando com o que entendem Carmo e Marcondes (2008, p, 41) quando argumentam que há necessidade de "[...] um ensino mais profícuo de 'soluções', visando à elaboração, por parte dos alunos, de modelos explicativos". Esta perspectiva "exigiria um período de tempo maior, para que num processo de discussões e reflexões fosse possível ao aluno romper a barreira do concreto e evoluir em sua maneira de pensar e explicar os fenômenos" (Carmo; Marcondes, 2008, p. 41).

FUNDAMENTAÇÃO E CONTEXTO

Os fenômenos químicos vivenciados no cotidiano têm relação com as ciências, e muitas vezes nos exigem escolhas e decisões cujas consequências podem propiciar mudanças na vida. Nesse sentido, pensar a atuação do ensino de química como espaço de estudos e debates sobre o cotidiano é imprescindível. Dessa forma, a química se torna essencial na construção da cidadania, tendo em vista a sua grande influência e presença na vida das pessoas. No cotidiano, ela surge com a utilização de produtos químicos, na qualidade de vida da população, na influência que possui no desenvolvimento dos países, nos efeitos ambientais que provoca e nas tomadas de decisões (Santos, 2011).

O conhecimento é construído pela observação dos fenômenos e pela elaboração de modelos e teorias que os interpretam. Nesse sentido, é necessária a atuação do professor como mediador no processo de ensino-aprendizagem, promovendo a problematização dos fenômenos, viabilizando os questionamentos pertinentes ao tema estudado, relacionando e contextualizando os conteúdos aprendidos, despertando o interesse do estudante. E esse despertar torna-se o ponto de partida para a aprendizagem (Souza; Borges, 2013).

Então, proporcionar aos estudantes um ensino de química mais voltado às questões cotidianas, que valorize suas ideias e permita uma participação ativa, é relevante quando se pensa na formação da cidadania. Os conteúdos conceituais apresentados em sala de aula devem se revestir dessa abordagem de ensino; é necessário um novo olhar frente aquilo que se ensina e sobre o como se aprende.

Nessa perspectiva, este artigo analisa um olhar e uma prática diferenciados para o ensino do conteúdo das "soluções", um olhar mais próximo do cotidiano, com o qual os estudantes possam contribuir participando ativamente na elaboração de conjecturas e explicações para os fenômenos estudados. Nesse sentido, o conteúdo de "soluções" foi priorizado, considerando, como destaca Echeverría (1996), a sua importância devido à ampla aplicação no cotidiano, em processos industriais e no funcionamento dos organismos vivos.

A abordagem dos fenômenos químicos considera três níveis diferentes de representação: macroscópico, simbólico e submicroscópico. O nível macroscópico consiste no fenômeno químico observável, composto pelas experiências do dia a dia dos estudantes. Para explicar e comunicar os fenômenos macroscópicos, geralmente é utilizada a representação em nível simbólico como equações químicas, mecanismos de reação e analogias. O nível de representação submicroscópico, é baseado na teoria particulada da matéria, referindo-se a partículas como elétrons, moléculas e átomos. A importância de se utilizar esses três níveis de representação nas abordagens dos fenômenos químicos proporciona uma maior compreensão dos conteúdos a nível conceptual por parte dos estudantes (Treagust; Chittleborough; Mamiala, 2003).

No ensino médio, o conteúdo de "soluções" é desenvolvido de forma descontextualizada e evidenciando principalmente uma visão macroscópica, favorecendo entendimentos simplistas e reducionistas sobre este fenômeno. A pesquisa desenvolvida por Echeverría (1996, p. 15) evidenciou que os professores de química enfatizam em suas aulas somente "os aspectos quantitativo e macroscópico das "soluções" [que são apresentados em nível simbólico por meio de] cálculos de solubilidade, construção de gráficos e tabelas, cálculos de concentrações, descrição macroscópica das dispersões", contrastando com o tempo dedicado para as explicações ao nível submicroscópico, que geralmente são realizadas de forma rápida e sem nenhuma participação ativa dos estudantes. Assim sendo, é necessário também viabilizar a abordagem de aspectos qualitativos e submicroscópicos quanto aos conceitos do conteúdo de "soluções", considerando que "uma compreensão adequada dos fatos químicos dá-se no nível submicroscópico" (Echeverría, 1996, p. 15).

Dessa forma, para que os estudantes tenham um melhor entendimento sobre os conteúdos desenvolvidos nas aulas de química, é relevante propiciar abordagens diferenciadas que promovam a sua participação, principalmente de forma contextualizada. Echeverría (1996) explicita que um dos aspectos mais importantes demonstrado nas aulas é a passividade dos estudantes; as manifestações orais são raras e, quando as realizam, estão relacionadas a questões que envolvem a resolução dos exercícios, devido à cobrança destes aspectos na avaliação.

A importância de se privilegiar a abordagem submicroscópica do conteúdo de "soluções" está no uso de modelos que explicitem como acontece a interação intermolecular nos fenômenos de dissolução e que explicam a existência de misturas homogênea e heterogênea. Além disso, é pertinente "desenvolver nos alunos o pensamento teórico, numa relação dinâmica e negociada entre teoria e prática" (Echeverría, 1996, p. 15).

Assim, acredita-se que é de fundamental importância que se possibilitem atividades experimentais nas quais sejam explorados momentos em que os estudantes sejam confrontados com situações que exijam explicações considerando suas concepções sobre a dissolução a nível submicroscópico. Também é importante instigar que os estudantes reflitam sobre aspectos do cotidiano, para que suas ideias possam ser consideradas e para que possam avançar, no sentido de promover a desconstrução e a reconstrução dos conceitos, facilitando a aprendizagem em nível submicroscópico sobre conteúdo de "soluções".

Francisco Jr., Ferreira e Hartwig (2008) ratificam que, quando práticas didáticas são propostas na experimentação, almeja-se o envolvimento dos estudantes, para que estes sejam orientados ao desenvolvimento cognitivo de conceitos e a uma reflexão relacional dos fenômenos. Teoria e prática devem ser bem coordenadas, na execução dos experimentos, para que não se tornem repetitivos e mecânicos.

A experimentação torna-se necessária e auxiliadora no aprendizado da química e deve se fazer presente na sala de aula, buscando uma forma de facilitar a visualização dos fenômenos e o próprio entendimento de determinados conteúdos, neste caso, das "soluções". Diante da dificuldade dos professores em trabalhar esse conteúdo e de muitas vezes não se ter um ambiente propício para a realização de experimentos, o desenvolvimento de uma oficina didática consiste em uma forma de abordagem experimental de fácil acesso, utilizando materiais de fácil aquisição, tendo como foco a aprendizagem e valorizando as ideias dos estudantes.

Sendo assim, optou-se por desenvolver uma oficina didática para o ensino do conteúdo das "soluções" de forma contextualizada e participativa. Na intenção de proporcionar maior interesse dos estudantes pela química, é importante promover "diversos métodos de ensino, como as oficinas de ensino, experimentos com materiais alternativos, discussão de notícias, filmes e textos, atividades lúdicas, utilização de recursos computacionais, e elaboração de teatros" (Winkler; Souza; Sá, 2017, p. 28).

Ainda Winkler *et al.* (2017) mostram que usualmente as oficinas, que optamos neste artigo denominar como oficina didática, utilizam experimentações e problematizações do cotidiano dos estudantes. Estas favorecem o desenvolvimento do senso crítico, promovendo a discussão, a argumentação e a reflexão, com vista à construção de conhecimentos, possibilitando a interação entre os estudantes. Também apresenta possibilidades para uma formação científica, propiciando cidadãos ativos ao se tratar de ciência e tecnologia, favorecendo a dialogicidade. Marcondes (2008, p. 73), ao retratar o tema oficinas didáticas, mostra que elas:

> permitem a criação de um ambiente propício para interações dialógicas entre o professor e os alunos e entre os próprios alunos. Essa maior dialogicidade é importante no processo de ensino-aprendizagem, pois os alunos manifestam suas ideias, suas dificuldades conceituais e seus entendimentos. O professor tem a oportunidade de acompanhar o desenvolvimento de seus alunos, podendo, nesse processo, redirecionar ou refazer percursos que facilitem a aprendizagem.

DESCRIÇÃO DA PRÁTICA PEDAGÓGICA E SUA IMPLEMENTAÇÃO

O presente artigo aciona, para o tratamento de dados, uma abordagem qualitativa da pesquisa; sendo mais explicativa, visa à interpretação e análise das respostas dos estudantes. Bogdan e Biklen (1991) definem a investigação qualitativa por meio de características, qual sejam: o ambiente natural é a fonte dos dados e o pesquisador presenciará o maior número de situações em que esta se manifeste; os dados são descritivos, evidenciando citações, transcrições feitas com base nos dados para ilustrar e reforçar o relato; o significado é algo fundamental nesta abordagem, a forma como as pessoas dão sentido aos fenômenos e a sua vida são relevantes.

A análise dos dados é realizada de forma indutiva e os pesquisadores não retiram os dados para comprovar conjecturas previamente definidas; as abstrações são consolidadas a partir dos dados particulares que se agrupam num processo de inter-relação. Para definir categorias de análise baseamo-nos em estudos anteriormente publicados sobre este tema (Maldaner; Zambiazi,

1993; Echeverría, 1996; Treagust; Chittleborough; Mamiala, 2003; Moraes; Ramos; Galiazzi, 2007; Carmo; Marcondes, 2008), buscando entendimentos e reflexões qualificadas a partir das escritas e desenhos dos estudantes.

A intenção de desenvolver uma oficina didática sobre o conteúdo de "soluções", utilizando a experimentação contextualizada e a participação ativa dos estudantes, foi planejada em dois momentos: o primeiro aconteceu no dia 08 de maio e o segundo no dia 29 de maio do mesmo ano, nas dependências do laboratório de química, da instituição escolar onde foi realizado o estágio supervisionado, com 15 estudantes do Ensino Médio Técnico, acompanhado pelo professor supervisor; ou seja, o professor regente da disciplina de química da escola onde foi realizado o estágio supervisionado e teve duração de 2 horas em cada sessão.

DESCRIÇÃO DO PRIMEIRO MOMENTO DA OFICINA

Os estudantes foram recepcionados no laboratório de química e se posicionaram nas bancadas, orientados para a formação de 3 grupos com 5 alunos cada. Para a problematização inicial, eles responderam individualmente um questionário diagnóstico com as seguintes questões: "Pensando quimicamente, o que você entende por solução?

1. Solução é sempre uma mistura? Justifique.
2. Como você representaria, através de um desenho, a mistura do cloreto de sódio na água considerando que a água é representada por bolinhas e o sal por triângulos?
3. Você sabe o nome do processo que acabou de desenhar? Explique."

Decorridos 15 minutos os questionários foram recolhidos.

Após, os estudantes realizaram outras atividades em grupos com a finalidade de estudar o conteúdo de "soluções", tais como a classificação de diversos materiais que estavam na bancada como sendo: suspensão, coloide e solução. Para essa atividade, os estudantes manipularam os materiais, identificando-os por meio da filtração, da decantação e da visualização no microscópio, considerando o tamanho das partículas dispersas (solução < 1 nm, coloide entre 1 nm a 1000 nm e suspensão > 1000 nm). Nessa atividade prática foi possível explorar e articular o nível macroscópico, microscópico e submicroscópico, tendo em vista que os estudantes necessitavam observar as características de cada material para classificá-lo. Após, partilharam as respostas da atividade com os colegas de sala e investigaram no livro didático os acertos, erros e explicações dos materiais classificados, comparando com a teoria.

Em seguida, os grupos realizaram o experimento "Cristal na casca do ovo" (Thenório, 2012): cascas do ovo foram mergulhadas numa solução supersaturada de alúmen de potássio e deixadas por um dia, para a formação de cristais. Nesse experimento foram discutidas as abordagens sobre solução saturada, insaturada e supersaturada. Cada grupo entregou por escrito as suas conjecturas quanto ao que iria acontecer no experimento. Considerando que a formação dos cristais exige um tempo considerável, de um a cinco dias para se formarem, a visualização dos resultados foi realizada no segundo momento da oficina.

DESCRIÇÃO DO SEGUNDO MOMENTO DA OFICINA

O segundo momento iniciou-se com a constatação dos resultados do experimento "Cristal na casca de ovo". Os estudantes observaram os resultados do experimento, confrontando com suas conjecturas e elaborando explicações para o ocorrido. Tiveram o tempo de 15 minutos para a realização da atividade. Observando as dificuldades na interpretação do que havia acontecido no experimento, foi apresentado um mapa conceptual sobre o tema "soluções" no quadro. A partir disso, os estudantes foram instigados a elaborar explicações para o acontecido. Com essa atividade, foi possível explorar e articular o nível macroscópico, submicroscópico e simbólico, por meio da formação do cristal de alúmen de potássio.

Após, foi realizada a leitura da história em quadrinhos "Soluções" presente em Gonick e Criddle (2014, pp. 137 – 140). Os estudantes tiveram 30 minutos para ler e elaborar um mapa conceitual sobre a história e entregar, individualmente. Ainda foi administrado um questionário final, respondido individualmente, para verificação da reconstrução conceitual, composto pelas mesmas questões apresentadas inicialmente.

AVALIAÇÃO DA IMPLEMENTAÇÃO DA PRÁTICA E PRINCIPAIS RESULTADOS

Os dados coletados com o questionário administrado individualmente na implementação da oficina didática foram categorizados em: conceitos de solução nas escritas dos estudantes e nos desenhos por eles elaborados. Ressalta-se que os estudantes foram convidados a responderem os questionários. Dessa forma, seis estudantes responderam todas as questões do questionário antes da implementação da oficina didática e quatro estudantes depois de sua realização.

CONCEITOS DE SOLUÇÃO: NAS ESCRITAS DOS ESTUDANTES

No questionário aplicado no início do primeiro momento da oficina didática, foi possível perceber as compreensões dos estudantes quanto ao campo conceptual de "soluções" por meio de suas escritas, considerando que este conteúdo havia sido abordado pelo professor nas aulas anteriores à implementação da oficina. Para esta discussão apresentam-se seis respostas dos estudantes, considerando que nem todos responderam todas as questões. Optou-se pela identificação das respostas dos estudantes individualmente da seguinte maneira: Estudante (E), seguido pela resposta de 1 a 6 como: E1, E2, E3, E4, E5, E6. Esses códigos referem-se sempre ao mesmo estudante durante toda a descrição dos resultados.

As ideias dos estudantes quanto ao conceito de solução nos escritos antes da implementação da oficina versaram principalmente em volta dos termos: "mistura", "soluto" e "solvente", enfatizando a ideia de mistura. Percebe-se que os estudantes precisam avançar nas reconstruções conceituais de soluto, solvente, solução, substância, reação química, elemento, mistura homogênea e mistura heterogênea, pois as respostas evidenciam algumas inconsistências: *Quimicamente, é uma mistura de soluto com o solvente, criando, portanto a solução (E1); É o resultado da mistura entre soluto e solvente (E2); União do solvente e do soluto resultando em uma mistura (E3); É a combinação de duas substâncias (E4); Solução é a mistura de dois componentes químicos (E5); É um composto químico "misturado", ou seja, uma amostra formada por 2, ou mais, elementos químicos (E6).*

Em relação às respostas dos estudantes nos escritos após a implementação da oficina didática salienta-se que somente quatro estudantes responderam a todas as questões propostas e que as ideias estão relacionadas a termos já explicitados nas respostas anteriores: "dissolve", "mistura homogênea", "soluto" e "solvente". Porém, se observa outros termos relacionados aos tipos de solução e suas propriedades; provavelmente essas respostas foram influenciadas pela abordagem contextualizada utilizada durante a oficina didática. *Quando uma substância dissolve em um líquido, a combinação é chamada de solução (E1). Podem ser líquidos, ou gasosos, qualquer mistura homogênea de duas ou mais substâncias é uma solução (E2). É uma mistura homogênea, não se sedimenta nem com ultracentrífuga e em função do diâmetro da partícula ser menor que 1 nanômetro (E3). Quando uma substância dissolve em um líquido, a combinação é chamada solução (soluto + solvente = solução) (E4).*

Alguns avanços conceptuais podem ser considerados nas respostas de E1 e E2, principalmente a ideia de que existem soluções gasosas e o termo 'dissolve', que remete ao processo de dissolução; ainda o E3 salienta que a mistura homogênea não apresenta sedimentação de material relacionado ao tamanho da partícula que está dissolvida. E então se pode perceber que houve algumas reconstruções na aprendizagem, e isso se constitui em um processo de reconstrução constante, em que os conhecimentos anteriores são construídos e complexificados, tornando-se mais amplos e ressignificados. Nessa perspectiva, é imprescindível "[...] contextualizar as aprendizagens de sala de aula, estabelecendo pontes entre o que se trabalha e os significados já atribuídos pelos alunos aos temas" (Moraes, 2007, p. 28).

Para a pergunta: "Solução é sempre uma mistura? Justifique", os estudantes evidenciaram em suas respostas ideias que precisam ser melhoradas, no sentido de avançar nos entendimentos ao nível submicroscópico, explicitando em termos de interações intermoleculares: *Sim, porque solução é sempre a mistura do soluto e solvente (E1); Sim, porque solução é sempre uma mistura (reagente + soluto = solução) entre reagente e soluto (E2); Sim, solução é o nome dado ao resultado da mistura de um solvente e um soluto (E3); Sim, pois "soluções" sempre são compostas por duas substâncias, uma como solvente e a outra como soluto (E4); Sim, pois é o resultado do soluto e solvente juntos (E5); Sim, pois nele se baseia a mistura de 2 elementos ou +, sendo o soluto e o solvente (E6).* As respostas dos estudantes foram afirmativas, porém as justificativas não eram coerentes. Verificou-se equívocos entre os conceitos e esperava-se que os estudantes relacionassem com mistura homogênea.

Após a implementação da oficina didática, as respostas de dois estudantes evidenciaram alguns avanços na explicação, principalmente quando afirmam que nem todas as misturas são soluções, explicitando os tipos de misturas. A atividade que os estudantes realizaram classificando os materiais foi significativa para a aprendizagem. *Algumas misturas não são solução, algumas se denominam suspensão e emulsão (E1). Nem sempre, pois a mistura precisa ser homogênea do contrário seria uma suspensão (E4).* Na resposta do E3, aparece a afirmação de que a solução é sempre uma mistura, e na explicação fica evidente que a mistura deve ser homogênea. *Sim, sempre será uma mistura homogênea. Pois soluto + solvente sempre resultam em uma solução (E3).* No entanto, a resposta de E2 é incoerente, principalmente no entendimento do que seja solução e reação química. *Sim, pois precisamos de dois reagentes o soluto e o solvente para que haja uma reação (E2).*

Para Maldaner e Zambiazi (1993, p. 35), "solução é uma mistura homogênea de dois ou mais componentes e que esta mistura é possível se houver profunda interação Soluto/Solvente em nível de partículas constituintes de ambos". E continuam afirmando que "quando 'soluções' se formam, há apenas as forças soluto-solvente, favorecendo o processo de dissolução". Segundo Carmo e Marcondes (2008), essas dificuldades com o tema "soluções" podem estar relacionadas ao material didático, à falha de uma visão submicroscópica não trabalhada pelo professor e aos conhecimentos prévios que os estudantes não conseguem relacionar. E salientam a importância do entendimento do nível submicroscópico do tema "soluções", tendo em vista que os conteúdos transformações químicas, eletroquímica e equilíbrio químico necessitam dessas compreensões aprofundadas e retomadas "pelos estudantes em níveis diferentes em suas estruturas conceituais" (Carmo; Marcondes, 2008, p. 38).

Nesse sentido, a aprendizagem é concebida como um processo de reconstrução, que, sendo contínuo, movimenta os conhecimentos anteriormente construídos, no sentido de retomar, desorganizar e complexificar o que está estabelecido. É nesta "desordem" que surgem novas formas de organização conceptual, tornando-os mais amplos e ressignificados (Moraes, 2007).

CONCEITOS DE SOLUÇÃO: NOS DESENHOS DOS ESTUDANTES

O ensino do campo conceptual de "soluções" no ensino médio tem um enfoque, muitas vezes, vinculado à noção macroscópica do processo de dissolução, dificultando os entendimentos dos estudantes quanto às interações intermoleculares presentes no processo de formação da solução. Nessa perspectiva, foi solicitado aos estudantes que representassem por meio de um desenho a mistura do cloreto de sódio na água, considerando que a água é representada por bolinhas e o cloreto de sódio por triângulos.

A Figura 1 apresenta uma imagem que indica o modelo utilizado para explicar as interações entre as substâncias na formação da solução, no caso a solvatação de íons, processo que os estudantes foram solicitados a desenhar.

Figura 1. Imagem da solvatação de íons

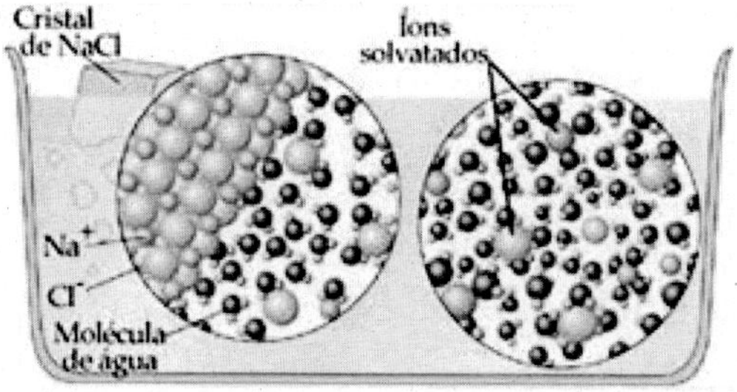

Fonte: Universoqui, 2011.

Os desenhos dos estudantes estão expostos nas Figuras 2 e 3. Ressalta-se que a Figura 2 representa os desenhos de cinco estudantes antes da implementação da oficina e a Figura 3 quatro desenhos depois da implementação.

Nos desenhos da Figura 2 pode-se observar que a maioria dos estudantes colocou em igual quantidade as bolinhas e os triângulos misturados no recipiente, demonstrando que se tratava de uma mistura e alguns desenharam mais bolinhas que triângulos. É possível perceber nos desenhos dos estudantes alguns equívocos e avanços quanto aos entendimentos em nível submicroscópico. O desenho de E4 (Figura 2) considera que a água envolve o cloreto de sódio, remetendo a solvatação de íons, modelo utilizado na explicação da dissolução do cloreto de sódio na água.

Na representação de E1 pode-se observar que os triângulos e as bolinhas foram desenhados de forma intercalada, supondo que as forças soluto-soluto e solvente-solvente estão enfraquecidas, dando origem a uma nova interação soluto-solvente. Esta ideia se repete na representação do E3. Para o E2, a dissolução não consegue enfraquecer todas as interações existentes entre solvente--solvente, somente algumas partículas do cloreto de sódio conseguem interagir com a água. Algo muito semelhante aparece no desenho do E5, pois não há interação entre as partículas envolvidas na dissolução do cloreto de sódio em água.

Santos e Mól (2016) ressaltam que na solvatação ou dissolução de cloreto de sódio em água, os íons do cloreto de sódio ficam dispersos na água, uma vez que são separados uns dos outros por ela. Como as moléculas de água apresentam uma extremidade negativa, elas ficarão ao redor do cátion Na^+, separando--o dos ânions $C\ell^-$, os quais estão envolvidos pela extremidade positiva da água.

Figura 2. Desenhos de cinco estudantes antes da oficina.

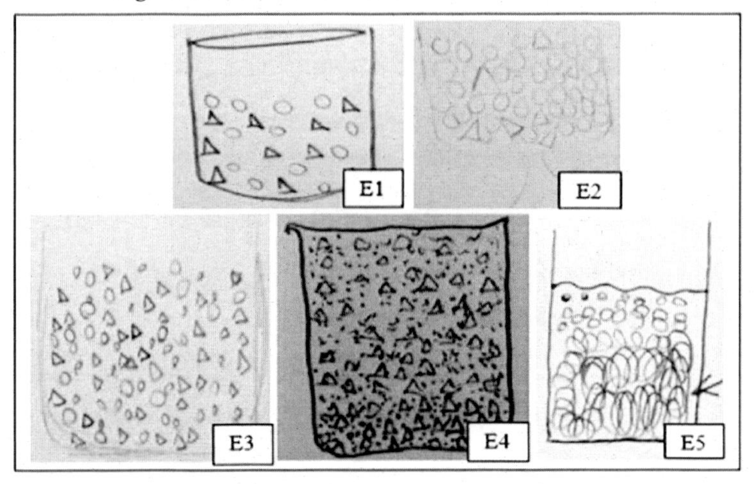

Quando, antes da oficina, os estudantes foram questionados sobre o nome do processo que acabaram de desenhar e lhes foi pedido que explicassem, as respostas elucidaram a diluição e as explicações enfatizaram termos diversos: diluído, dissolve, dispersa. Analisando as respostas, a maioria dos estudantes associou ao processo a diluição, e não a solvatação, evidenciando uma confusão de conceitos. Eis as respostas dos estudantes: *Diluição, porque o soluto foi diluído no reagente (E1); Diluição é quando o solvente dissolve sobre o soluto (E2); Diluição, pois o sal está sendo diluído na água (E3); Diluição, pois o soluto se*

dispersa perante o soluto (E4); Diluição? Pois o sal se dilui na água, se fosse açúcar seria decantação, pois os cristais iriam se concentrar no fundo do recipiente (E5). O conceito de diluição e de dissolução são distintos. Para Reis (2016, p. 85), "diluição significa acrescentar solvente para diminuir a concentração de uma solução, sem alterar a quantidade de soluto" e dissolução refere-se ao fenômeno de misturar um soluto em um solvente.

Após a implementação da oficina didática foi solicitado aos estudantes que desenhassem novamente o fenômeno da dissolução do cloreto de sódio na água. Na figura 3, o entendimento do E2 evidencia o rompimento das forças entre soluto-soluto e solvente-solvente, originando novas interações: soluto--solvente, demonstrando que houve avanços na aprendizagem. No entanto, na representação de E1, ainda existem as ideias de que poucas interações entre soluto-solvente são efetivadas, e isso se repete nos desenhos de E3 e E4.

Figura 3. Desenhos de quatro estudantes após a oficina.

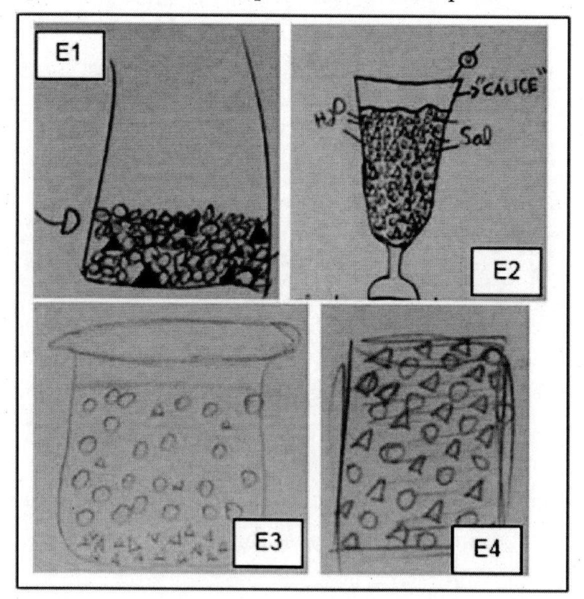

Sobre isso, Carmo e Marcondes (2008, p. 38) destacam que "compreender o conceito de dissolução em termos de interações entre as partículas de soluto/solvente exigirá que o aluno reorganize suas concepções de um nível de abstração menos complexo a níveis mais complexos de sua cognição". Ainda discutem que a reorganização conceitual dos estudantes constitui-se "num processo gradual que envolve um esforço próprio do aluno, refletindo a respeito de suas ideias e as articulando, ampliando-as, quando envolvido em interações com o professor e os colegas" (Carmo; Marcondes, 2008, p. 38).

Para Treagust; Chittleborough; Mamiala (2003), a natureza abstrata da química e a necessidade do estudante em desenvolver uma compreensão da natureza submicroscópica da matéria exige a utilização de uma gama extensa de representações simbólicas, como modelos, problemas e analogias. A distinção entre o conteúdo químico e as ferramentas explicativas não é sempre óbvia e, consequentemente, o papel das explicações e da relação das representações simbólicas a nível macroscópico e submicroscópico deve ser abertamente discutido e promovido em sala de aula. E então se faz necessário que o professor conheça as concepções prévias dos estudantes, para que possa desenvolver atividades, no sentido de relacionar as concepções existentes, com os novos conhecimentos, reconstruindo-as, avançando no processo de aprendizagem.

É importante ressaltar que os estudantes não tiveram uma nova oportunidade para realizar as aprendizagens sobre as quais foram avaliados, porém os resultados evidenciaram aspectos relevantes para o ensino e para a aprendizagem dos conceitos relacionados ao conteúdo de "soluções". Alterações para novas abordagens deste tema são necessárias, indicadas nas dificuldades dos estudantes em explicar e compreender os conceitos, sugerindo a retomada desta temática, buscando promover diálogos a partir das respostas equivocadas e proporcionando novas e outras atividades práticas privilegiando abordagens a nível submicroscópico e simbólico que produzam aprendizagens efetivas.

CONCLUSÕES E IMPLICAÇÕES

A oficina didática elaborada para intervenção pedagógica no Estágio Supervisionado buscou avaliar a compreensão dos estudantes do 2º ano do Ensino Médio Técnico quanto à dissolução das substâncias e o impacto de uma oficina didática na aprendizagem desse conteúdo. Ou seja, pretendeu contribuir para dar resposta à questão: Quais as compreensões dos estudantes do 2º ano do Ensino Médio Técnico quanto à dissolução das substâncias com a implementação de uma oficina didática? As ideias contidas nas escritas dos estudantes sobre o campo conceptual de "solução" enfatizam a mistura entre soluto e solvente, destacando a ideia de mistura, porém necessitam de avanços devido a equívocos identificados nas suas respostas.

A aprendizagem se dá em um processo caracterizado por reconstruções a partir do conhecido e que dependem de fatores inerentes à sala de aula; entre eles, constam as atividades nas quais os estudantes podem expressar o que pensam, que possam argumentar e explicar suas concepções, para que os professores viabilizem momentos de discussão apresentando o conhecimento científico escolar (Moraes *et al.*, 2007).

Carmo e Marcondes (2008) salientam que o ensino do campo conceptual de "solução" no Ensino Médio enfatiza aspectos mais quantitativos que, na maioria das vezes, está relacionado à representação macroscópica do processo de dissolução, dificultando os entendimentos dos estudantes quanto às interações soluto/solvente em nível de representação simbólica e submicroscópica.

O que é possível considerar como positivo sobre a implementação da oficina didática é que os estudantes puderam apresentar e representar suas ideias sobre o conteúdo de "soluções", e que a partir do conhecimento das concepções dos estudantes, o professor poderá propiciar diversas atividades didáticas que viabilizem abordagens nos três níveis de representação: macroscópico, simbólico e submicroscópico, favorecendo a compreensão conceitual dos fenômenos químicos. No entanto, uma aprendizagem a partir do trabalho com uma metodologia ativa como, por exemplo, uma oficina didática, implica que os professores façam a gestão do tempo escolar de modo diferenciado. Ou seja, a perspectiva conteudista do conhecimento, que precariza a aprendizagem, precisa ser problematizada em favor da aprendizagem, que considera as vivências e os saberes dos estudantes no processo de construção do conhecimento.

A mediação das reconstruções das ideias dos estudantes quanto ao campo conceitual de "soluções" é importante para o reconhecimento de que as suas representações em nível submicroscópico ainda precisam de avanços e que isso é possível tendo em vista que a aprendizagem se constitui um processo. Porém, o professor precisa conhecer o que o estudante sabe para poder intervir por meio de atividades que propiciem esta demanda.

REFERÊNCIAS

BOGDAN, R. C.; BIKLEN, S. K.. **Investigação qualitativa em educação**: uma introdução à teoria e aos métodos. Portugal: Porto Editora, 1991.

CARMO, M. P. DO.; MARCONDES, M. E. R. Abordando soluções em sala de aula – Uma experiência de ensino a partir das ideias dos alunos. **Revista Química Nova na Escola,** vol. 28, n. 5, p. 37-41, 2008.

ECHEVERRÍA, A. R. Como os estudantes concebem a formação de soluções. **Revista Química Nova na Escola**, 3, 15-18, 1996.

FRANCISCO JR, W. E.;FERREIRA, L. H.; HARTWIG, D. R. Experimentação problematizadora: fundamentos teóricos e práticos para a aplicação em salas de aula de ciências. **Revista Química Nova na Escola,** 30, 34-41, 2008.

GONICK, L.; CRIDDLE, C. **Química geral em quadrinhos**. São Paulo: Blucher, 2014.

MALDANER, O. A.; ZAMBIAZI, R. (1993). **Química II:** consolidação de conceitos fundamentais em química. Ijuí: Unijuí, 1993.

MARCONDES, M. E. R. Proposições metodológicas para o ensino de química: oficinas temáticas para a aprendizagem da ciência e o desenvolvimento da cidadania. **Revista em Extensão,** Uberlândia, 7, 67-77, 2008.

MORAES, R. Aprender ciências: reconstruindo e ampliando saberes. *In*: GALIAZZI, M. *et al.* (Org.). **Construção curricular em rede na educação em ciências**: uma aposta de pesquisa na sala de aula. Ijuì: Ed. Unijuí, 2007.

MORAES R.; RAMOS, M. G.;GALIAZZI, M. C. Aprender química: promovendo excursões em discursos da química. *In*: ZANON, L. B.; MALDANER, O. A. **Fundamentos e propostas de ensino de química para a educação básica no Brasil**. Ijuí; Ed. Unijuí, 2007.

REIS, M. **Química**: ensino Médio. 2. ed. São Paulo: Ática, 2016.

SANTOS, L. P. dos. A química e a formação para a cidadania. **Educacion Química,** v. 22, n. 4, 300-305, 2011.

SANTOS, W.; MÓL, G. **Química cidadã**. Vol. 2. 3. ed. São Paulo: AJS, 2016.

SOUZA, I. L. N.; BORGES, F. DA S. A experimentação investigativa no ensino de química: reflexões de práticas experimentais a partir do PIBID. **XI Congresso Nacional de Educação,** Curitiba – PR, 2013.

THENÓRIO, I. **Manual do mundo**. Como fazer cristais no ovo. [vídeo]. YouTube. https://www.youtube.com/watch?v=QVww8cYGvp4, 2012.

TREAGUST, D.; CHITTLEBOROUGH, G.; MAMIALA, T. The role of submicroscopic and symbolic representations in chemical explanations. **International Journal of Science Education**, v. 25, n. 11, 1353-1368, 2003.

UNIVERSOQUI. **Imagem da solvatação.** Disponível em: http://universoqui.blogspot.com/2011/06/entendendo-propriedades-solvatacao_06.html.

WINKLER, M. E. G.; SOUZA, J. R. B.; SÁ, M. B. Z. A utilização de uma oficina de ensino no processo formativo de alunos de ensino médio e de licenciandos. **Revista Química Nova na Escola**, v. 1, n. 39, 15-21, 2017.

3

A ATUAL VERSÃO DA BNCC DO ENSINO MÉDIO (2018) COMO REFLEXO DA LEI 5692/71: A HISTÓRIA DA CIÊNCIA EM FOCO

Raiza Caroline de Oliveira Leal

"*Eu vejo o futuro repetir o passado*" – qual é a relação do ensino de Ciências com as políticas curriculares que permearam a educação brasileira? Ao falarmos de políticas curriculares, precisamos conceituar o que é o currículo. O currículo pode ser visto como um espaço de produção de sentidos através da cultura e do conhecimento (Lopes; Macedo, 2013), sendo responsável pelo fortalecimento ou não de dominações econômicas e culturais (Silva, 1999). Temos como intuito, neste capítulo, abordar as correlações e desdobramentos da LDB de 71 nas atuais políticas públicas curriculares da última etapa da educação básica – O Novo Ensino Médio (NEM) e Base Nacional Comum Curricular (BNCC) –, entendendo que a BNCC é fruto da política conservadora, liberal, centralizadora instaurada na reforma de 1971 como um projeto de desmonte a longo prazo. Para entendermos o cenário do ensino de Ciências nesses dois períodos, precisamos analisar a dinâmica política, econômica e social que norteiam o processo de implementação das políticas curriculares na educação brasileira do período em questão.

A REFORMA EDUCACIONAL DE 1971: UM OLHAR PARA A VISÃO DE CIÊNCIA

Com o Golpe Militar de 1964 e a crescente industrialização do Brasil, instaurou-se a ideia de que por meio da educação escolar os sujeitos deveriam alcançar a especialização técnica para o trabalho favoráveis ao crescimento econômico e tecnológico (Cassab, 2015, p. 23). A concepção da integração Ciência & Tecnologia (C&T) para a educação – uma ciência racional, eficiente e competente, capaz de habilitar e qualificar o indivíduo para o mercado de trabalho (Botelho, 2010) – foi inserida no processo de modernização brasileira, defendida pelo regime militar e transmitidas como aspectos de inovação no padrão de organização de ensino havendo, por consequência, mudanças dos objetivos do ensino de Ciências. O Ministério da Educação e da Cultura (MEC) firma acordos com a Agency for International Development dos Estados Unidos – AID (MEC-USAID), em que ocorrem parcerias entre sociedades científicas para a produção de projetos curriculares para o ensino de Física (Physical Science Study Commitee – PSSC), de Biologia (Biological Science Curriculum Study – BSCS), de Química (Chemical Bond Approach – CBA e o Chemical Education Material Study – Chem Study) e Matemática (Science Mathematics Study Group – SMSG). Foram produzidos kits pelo Instituto Brasileiro de Educação, Ciências e Cultura (IBECC) alinhados a esses projetos curriculares para que os professores explicassem os experimentos e práticas laboratoriais importantes para o progresso da ciência (Queiroz; Housome, 2018). Esses materiais considerados inovadores na educação brasileira tinham como intuito tratar com profundidade os conceitos das Ciências do ponto de vista lógico-qualitativo, em que o aluno descobre as relações dos resultados dos experimentos com as teorias científicas, apresentando o método científico investigativo como método universal. Tais parcerias e produções do IBECC tinham como intuito controlar os materiais didáticos e a formação continuada dos professores. Como apontam Queiroz e Housome (2018), dentro de uma visão taylorista de mercado, busca-se na padronização escolar inibir práticas educativas indesejadas pelo regime ditatorial. Nessa conjuntura, em 1971, foi elaborada a Lei nº 5092 de 11 de agosto – a nova Lei que fixa as Diretrizes e Bases para o 1º grau (ensino primário) e 2º grau (ensino médio) da Educação Brasileira. Essa lei trouxe dois aspectos novos: i) o alargamento dos anos escolares obrigatório (todo o 1º grau); ii) a generalização do ensino profissionalizante no 2º grau. As disciplinas Física, Química e Biologia foram estruturadas como disciplinas instrumentais na formação profissional e na parte de formação geral eram de livre escolha nas escolas.

> Art. 1º O ensino de 1º e 2º graus tem por objetivo geral proporcionar ao educando a formação necessária ao desenvolvimento de suas potencialidades como elemento de autorrealização, qualificação

> para o trabalho [...} Art. 5 § 2º A parte de formação especial de currículo: terá o objetivo de sondagem de aptidões e iniciação para o trabalho, no ensino de 1º grau, e de habilitação profissional, no ensino de 2º grau; Art. 43º Os recursos públicos destinados à educação serão aplicados preferencialmente na manutenção e desenvolvimento do ensino oficial, de modo que se assegurem:[...] c) o desenvolvimento científico e tecnológico (Brasil, 1971a).

Para além dessa reforma curricular de viés tecnicista, era necessário introduzir, dentro do debate educacional de Ciências, a ideia de que o aluno precisava ter postura ativa em sala de aula através da análise de fenômenos e resolução de situações-problemas do contexto moderno. Ou seja, era importante implantar a mentalidade de profissionalização no ensino médio e de direcionamento desses alunos para o mercado de trabalho emergente a fim de desobstruir a demanda pela formação superior (Romanelli, 1986). O núcleo comum das séries escolares é fixado através do Parecer 853/71 (Brasil, 1971b) e da Resolução 8/71 do Conselho Federal de Educação (Brasil, 1971c). Através de tais documentos é mantido o controle curricular, já que "as escolas acabavam escolhendo apenas as disciplinas da parte diversificada para atender aos objetivos da formação especial (sondagem de aptidões, iniciação ou habilitação profissional)" (Zotti, 2002). As disciplinas científicas e o ensino de Ciências foram considerados importantes componentes na preparação de trabalhadores qualificados. Conforme a Resolução 8/71, estudar Ciências possibilitaria

> Art. 3º c) [...] o desenvolvimento do pensamento lógico e à vivência do método científico e de suas aplicações. § 1. O ensino das matérias fixadas [...] deve sempre convergir para o desenvolvimento, no aluno, das capacidades de observação, reflexão, criação, discriminação de valores, julgamento, comunicação, convívio, cooperação, decisão e ação, encaradas como objetivo geral do processo educativo. (BRASIL, 1971b)

Como exposto por Macedo (2016), observa-se nesse período a valorização do conhecimento científico em um caráter universalista e acumulativo, que permite o encontro da verdade absoluta sobre a natureza. A ciência nesse contexto é considerada como um processo linear, em que prevalece a ideia de eterno progresso, e contínua evolução, selecionando os "acertos", conhecimentos selecionados que levaram ao desenvolvimento do que temos hoje de ciência. Nessa abordagem, a ciência tem como alvo produzir o mais puro e verdadeiro conhecimento, e isso a conduziria para a ciência moderna. Tais aspectos revelam uma perspectiva historiográfica positivista da ciência (Beltran, 2017). Através dos acordos MEC-USAID são importadas metodologias para o ensino de Ciências no Brasil que atendessem aos moldes do estado militar capitalista. Damos destaque à Taxonomia de Bloom (Bloom *et al.*, 1956), uma classificação instrucional norte-americana para simplificar o processo de ingresso no ensino superior e, no Brasil, para a educação básica, especialmente em Ciências. A taxonomia é uma instrução padronizada, em que a aprendizagem é vista como acumulativa e operacional. Tal metodologia hierarquiza os "objetivos instrucionais" do processo de aprendizado com o intuito de que o professor avalie o "desempenho" dos alunos através de "competências específicas" (Ferraz, Belhot; 2010). Deu-se ênfase, no Brasil, aos objetivos cognitivos estabelecidos por esta taxonomia (figura 1), em que o mais baixo nível instrucional é o conhecimento e o mais alto nível é a avaliação. De acordo com Bloom (1944, 1972), os fatores "externos" à escola não influenciam diretamente o desempenho dos alunos na sala de aula e se os estudantes estiverem nas mesmas condições de aprendizagem escolar todos aprendem, mas em níveis diferentes de aprendizagem, já que todos são sujeitos diferentes uns dos outros. As classificações hierárquicas de Bloom *et al.* são organizadas em categorias e descritas como verbos de ação – comandos de trabalho – que são congruentes aos objetivos tecnicista da reforma. Dewey (1965) afirma que a educação deve ser planejada e controlada a fim de reproduzir ou implantar modelos sociais, políticos e econômicos. Para educar, precisamos ensinar o indivíduo a jogar nas regras da sociedade. A taxonomia de Bloom está vinculada diretamente com a proposta educacional de Dewey – ensinar os indivíduos a jogarem a regra do jogo é colocá-los "no seu lugar" – internalizar e fixar nestes suas posições sociais, afirmando que todos possuem a mesma chance de aprender em uma sociedade livre (Freitag, 1977) e que até pode haver diferenças de nível de educação entre os indivíduos, mas isso deve ser aceito como justo, já que somos indivíduos diferentes. Portanto, as desigualdades sociais são percebidas e estabelecidas como justas, e não como fruto de injustiças estabelecidas historicamente pelo sistema neoliberal capitalista, mas por suas condições inerentes, como por exemplo, a inteligência cognitiva hierarquizada.

Figura 1. Taxonomia de Bloom.

Categoria	Descrição
1. Conhecimento	**Definição:** O aluno irá recordar ou reconhecer informações, ideias, e princípios na forma (aproximada) em que foram aprendidos.
	Verbos: escreva, liste, rotule, mostre, tabule, enumere, copie, selecione, nomeie, diga, defina, reproduza, relate, identifique, cite, colete, evoque.
2. Compreensão	**Definição:** O aluno traduz, compreende ou interpreta informação com base em conhecimento prévio.
	Verbos: explique, associe, deslíngua, estenda, estimule, agrupe, sumarize, converta, discuta, traduza, ordene, diferencie, resuma, parafraseie, descreva, interprete, ilustre.
3. Aplicação	**Definição:** O aluno seleciona, transfere, e usa dados e princípios para completa um Problema ou tarefa com um mínimo de supervisão.
	Verbos: use, compute, resolva, aplique, calcule, termine, experimente, demonstre, descubra, determine, torne, estabeleça, articule, transfira, ensine, prepare, construa.
4. Análise	**Definição** O aluno distingue, classifica, e relaciona pressupostos, hipóteses, evidências ou estruturas de uma declaração ou questão.
	Verbos: analise, classifique, categorize, compare, contraste, deduza, arranje, conecte, divida, priorize, indique, diagrame, discrimine, focalize, separe.
5. Síntese	**Definição:** O aluno cria, integra e combina ideias num produto, plano ou proposta, novos para ele.
	Verbos: crie, proponha, formule, modifique, planeje, elabore, hipótese, invente, projete, desenvolva, ligue, componha, generalize, substitua, integre, rearranje, reescreva, adapte, antecipe, compile.
6. Avaliação	**Definição:** O aluno aprecia, avalia ou critica com base em padrões e critérios específicos.
	Verbos: julgue, argumente, avalie, recomende, critique, justifique, decida, teste, convença, conclua.

Fonte: Lima (2009).

A tentativa de profissionalização compulsória, no entanto, se tornou um fracasso pois: i) não foram fornecidas às escolas condições estruturais/financeiras para que se adaptassem à nova legislação; ii) a intenção das multinacionais era de contratação mínima de técnicos secundaristas, pois um profissional com ensino superior ou um trabalhador com uma formação geral básica eram autossuficientes em fornecer a formação específica necessária, e a escola não acompanhava o desenvolvimento tecnológico. A reforma de 1971 estratificou ainda mais as diferenças sociais, pois o estudante esperava nessa formação a fuga do trabalho braçal, e isso não se estabelecia – uma das principais prerrogativas legais para o ensino profissionalizante (Zotti, 2004). O que na realidade tivemos: i) as escolas particulares, muitas vezes por meios ilegais, ofereciam a formação geral básica; ii) a elitização dos cursos universitários, o baixo investimento e o quadro de pouco números de vagas das universidades ocasionaram um alto número de excedentes – a demanda pelo ensino superior não foi reduzida, muito pelo contrário, pois, sem perspectivas de trabalho, os jovens formados do segundo grau eram aprovados no vestibular, mas não conseguiam se matricular devido ao baixo número de vagas (Macedo, 2016). Houve, portanto, a restrição ainda maior do acesso a esse nível de ensino a uma classe média dominante. Tal cenário educacional nos parece familiar em tempos atuais?

A PADRONIZAÇÃO CURRICULAR NO CENÁRIO DE REDEMOCRATIZAÇÃO BRASILEIRA: DOS PCNS À BNCC

Contexto político

A reabertura da democracia brasileira é acompanhada da promulgação da Constituição Federal de 1988, um documento simbólico do processo de redemocratização, que, a nível educacional, aponta em seu artigo 6º o direito à educação como um direito social que deve ser assegurado pelo Estado, tanto a responsabilidade da organização do sistema educacional quanto a garantia ao acesso.

> Art. 6º São direitos sociais a educação, a saúde, o trabalho, o lazer, a segurança, a previdência social, a proteção à maternidade e à infância, a assistência aos desamparados, na forma desta Constituição (Brasil, 1988).

O contexto de redemocratização brasileira nos anos 1990 permitiu maiores debates e preocupação com a formação crítica do sujeito (Freitas, 2014). Isso gerou reflexos na prática docente e na legislação com a promulgação da Lei de Diretrizes e Bases da Educação Nacional (LDB) 9.394/96. Por outra perspectiva, é na LDB de 1996 que se institucionaliza o discurso das competências e habilidades com a apresentação dos Parâmetros Curriculares Nacionais (Ministério da Educação, 2000) e Diretrizes Curriculares Nacionais (Ministério da Educação, 2013). A LDB reforça, no parágrafo 2º do artigo 1º, que "a educação escolar deverá vincular-se ao mundo do trabalho e à prática social" (Brasil, 1996). Entendemos que esses documentos também fazem parte da política centralizadora de implementação de uma padronização curricular, de uma base comum, no entanto, foi de grande espanto quando em 2014 de forma abrupta teve início no Ministério da Educação movimentações para de fato dar início a elaboração Base Nacional Comum Curricular (BNCC) – documento normativo que define o conjunto de conhecimentos considerados essenciais durante toda a educação básica (Ministério da Educação, 2018). O processo de aceleração da implementação da Base é justificado pelo governo em vigor que alegou que a educação brasileira estava em crise e que a BNCC seria uma peça fundamental para a reforma educacional como um todo e não seria possível esperar mais para que a Base fosse implementada a fim de reverter a situação da educação. O principal "termômetro" da crise foi o Pisa (Programa Internacional de Avaliação de Estudantes) – uma avaliação externa de larga escala trienal aplicada em cerca de 80 países que avalia o desempenho dos alunos em matemática, leitura e ciências – em que o Brasil ficou nas últimas colocações.

Com o cenário de golpe sofrido pela presidenta Dilma Rousseff em 2016, a ascensão do conservadorismo acelerou as mudanças na educação que promoveram a "flexibilização" da carga horária escolar, do conteúdo, da organização curricular, da profissão docente e da responsabilização da união e dos estados, implicando diretamente na qualidade da educação básica e superior (Bulcão *et al.*, 2018). Nessa conjuntura é implementada a Reforma do Ensino Médio (Lei nº 13.415) (Brasil, 2017), reforma esta que esvazia a última etapa da educação, adicionando uma carga horária de formação técnica-profissionalizante obrigatória, reverberando em alterações na LDB/96, na Lei de Consolidação das Leis do Trabalho (CLT), do Fundo de Manutenção e Desenvolvimento da Educação Básica (FUNDEB) (Bulcão *et al.*, 2018). Como tal reforma reflete na LDB/96? O artigo 24 altera a carga horária anual da educação básica de 800 horas para 1000 horas e no ensino médio essa carga deve ser ampliada até 1400 horas (Brasil, 1996). A flexibilização do currículo é trazida no artigo 36, que destaca que o currículo do Novo Ensino Médio (NEM) – pós-reforma do Ensino Médio – será estruturado pela BNCC e composto por cinco itinerários formativos oferecidos de acordo com a relevância para o contexto local e as possibilidades dos sistemas de ensino (Brasil, 1996). A justificativa de uma formação técnica se dá a uma responsabilização docente-escolar dos alunos egressos do ensino médio não ingressarem no ensino superior e nem no mercado de trabalho por não ter formação especializada. A urgência do NEM propagandeia que os egressos das escolas não conseguem prosseguir no ensino superior nem no mercado de trabalho por culpa das escolas e da formação docente que "não dá conta". Seria a geração "Nem- Nem": Nem trabalha, Nem estuda (Cássio; Goulart, 2022, p. 286). Culpabilizar o professor e a escola pelo fracasso escolar é uma tentativa de invisibilizar que a conjuntura de uma geração que não trabalha e não estuda é um projeto político – a manutenção das classes e desigualdades sociais

A visão de Ciência na Base Nacional Comum Curricular

O documento da BNCC do Ensino Médio alinhado ao NEM é composto pela formação geral básica (Língua Portuguesa e Matemática) e pelos itinerários formativos. Ao todo são cinco itinerários: I) Linguagens e suas tecnologias; II) Matemática e suas tecnologias; III) Ciências da natureza e suas tecnologias (CN); IV) Ciências humanas e sociais aplicadas; V) Formação técnica e profissional (Ministério da Educação, 2018). O aluno deve "escolher" um dos itinerários para seguir e assim observamos o prejuízo na formação do estudante que irá optar por um itinerário, sendo que a escola é obrigada a oferecer no mínimo uma. Ou seja, uma falsa liberdade de escolha. Em outros termos, oculta-se as raízes sociais das desigualdades escolares excluindo o sujeito "por dentro" (Freitas, 2014), já que escolas de excelência, sobretudo da rede privada, continuarão ofertando todos os itinerários – e cobrarão o valor por esse diferencial – e as escolas públicas, que já sofrem com problemas estruturais, falta de professores, péssimas condições de trabalho, terão seus estudantes ainda mais prejudicados (Leal, 2024). No itinerário formativo da área de CN da BNCC foram valorizados conceitos científicos considerados relevantes no ensino de Física, Química e Biologia, capazes de promover o aprofundamento nas temáticas definidas como Matéria e Energia, Vida e Evolução e Terra e Universo trabalhadas ao longo de todo Ensino Médio. O itinerário formativo é composto por eixos estruturantes, sendo um deles "*A contextualização social, histórica e cultural da ciência e da tecnologia*", que ressaltamos aqui compreendendo ser um eixo no qual percebemos uma aproximação com o estudo da História da Ciência (HC). De acordo com o documento, tal estudo seria

> fundamental para que elas (as Ciências) sejam compreendidas como empreendimentos humanos e sociais. Cabe considerar e valorizar, também, diferentes cosmovisões – que englobam conhecimentos e saberes de povos e comunidades tradicionais –, reconhecendo que não são pautadas nos parâmetros teórico-metodológicos das Ciências ocidentais, pois implicam sensibilidades outras que não separam a natureza da compreensão mais complexa da relação homem-natureza (Ministério da Educação, 2018, p. 549).

O trecho do documento afirma que a ciência ocidental, por ser um conhecimento com uma linguagem específica, estabelece uma separação da relação homem-natureza, permitindo interpretar que o homem estaria vendo a natureza de "fora". Além disso, se pensarmos que o termo empreendimento está atrelado *a uma organização para explorar um negócio*, a ciência ocidental é vista como uma organização inovadora, criada pelo homem para exploração da natureza, por exemplo. Notamos que não há uma interlocução com a abordagem da HC nas competências e habilidades específicas. Podemos observar isso em uma das três competências específicas da área a seguir.

> [...] Investigar situações-problema e avaliar aplicações do conhecimento científico e tecnológico e suas implicações no mundo, utilizando procedimentos e linguagens próprios das Ciências da Natureza, para propor soluções que considerem demandas locais, regionais e/ou globais, e comunicar suas descobertas e conclusões a públicos variados, em diversos contextos e por meio de diferentes mídias e tecnologias digitais de informação e comunicação (TDIC) (Ministério da Educação, 2018, p.549).

As competências vinculam diretamente a produção científica à produção de tecnologia, ao racionalismo e à lógica matemática. Ou seja, a ciência está a serviço da tecnologia. Nas habilidades específicas, alinhadas às competências, observamos como consequência do racionalismo lógico, a valorização dos procedimentos considerados característicos do trabalho científico (Leal, 2024).

> compreender e utilizar os conceitos e teorias que compõem a base do conhecimento científico-tecnológico, bem como os procedimentos metodológicos e suas lógicas; conscientizar-se quanto à necessidade de continuar aprendendo e aprimorando seus conhecimentos;

> apropriar-se das linguagens científicas e utilizá-las na comunicação e na disseminação desses conhecimentos [...] (Ministério da Educação, 2018, p.467).

Ou seja, um enfoque para o que é visto como "o método científico" – "Analisar", "Investigar", "Avaliar", "Prever", "Elaborar hipóteses", "Aplicar princípios" – verbos de ação, de comandos de trabalho, de resoluções de situações-problemas do mundo moderno. Aqui temos uma retomada implícita da taxonomia de Bloom, de seus significados e significantes como parte de assegurar não só qual conhecimento científico relacionado às disciplinas escolares deve ser estudado, mas quais tipos de sujeitos devem ser formados – competentes e habilidosos para o mundo do trabalho, a fim de novamente atender aos anseios econômicos do Estado. Controla-se a produção de sentido por esses conhecimentos e assegura os contextos de privilégio nos quais os determinados significados sobre estes devem ser adquiridos (Costa; Lopes, 2018).

CONSIDERAÇÕES FINAIS

A legislação educacional materializa quais concepções são defendidas de forma implícita ou explícita. Em um país como o Brasil de grandes desigualdades sociais, a concepção da classe dominante, do empresariado, é traduzida nas leis educacionais de forma que sejam sancionadas legalmente e que as classe subalternas naturalizem e aceitem a manifestação da iniciativa privada (Freitag, 1977). É negligenciada as necessidades reais da educação, beneficiando determinadas escolas (as privadas) e sucateando outros tipos de escolas (as públicas). Entre a reforma de 1971 e a BNCC têm-se um contexto histórico de redemocratização brasileira nos anos 1990 que permitiu maiores debates, reflexões e criticidade no ensino de ciências. Porém, panoramicamente, percebe-se que os objetivos educacionais estão cada vez menos voltados a abordar a ciência como uma construção humana e mais com o reforço da ciência como um meio para um fim – uso de tecnologias e qualificação para o trabalho (Leal, 2024). De qual qualificação para o trabalho estamos falando? Ao sancionar as leis, o Estado precisa criar condições para que os indivíduos de classes subalternas sejam dominados realizando escolhas que aparentam ser livres – mudanças curriculares, seleção de conteúdos/disciplinas e a produção de materiais

(Freitag, 1977). Em ambos os cenários de reforma (71 e BNCC) controla-se os materiais e projetos curriculares e importam-se um modelo educacional, consultam instituições e empresas do setor privado, interessados em esvaziar os fundos educacionais a serviço do lucro. O Fundeb mobiliza atualmente cerca de R$ 264 bilhões (Brasil, 2023) e desperta o interesse de empresas da iniciativa privada para compor parcerias público-privadas a fim de obter o maior controle possível do processo educacional, desde o planejamento até a oferta.

Nos dois contextos, a flexibilização que é colocada como melhoria se vincula ao aumento da carga horária do ensino médio concomitante a um esvaziamento curricular e uma formação técnica (des)qualificada forjada pelos discursos "autorrealização" ou de "competências socioemocionais" como se tais mudanças fossem desejos dos estudantes. A real educação socioemocional trazida e defendida por essa reforma é de "preparar emocionalmente o indivíduo para as dificuldades do mercado de trabalho, baixos salários e baixa empregabilidade. Pois, todos nós estamos vivendo as incertezas do mercado de trabalho e precisamos suportar as frustrações de uma vida" (CONTEE, 2019). Conceitos como desigualdade e justiça social são esvaziados nesses documentos, pois quem vai dizer que é a favor da desigualdade ou da injustiça? E isso é projeto neoliberal: deposita na escolha do sujeito em um cenário de suposta igualdade, a fim de justificar os espaços alcançados por eles ou não como justos, como aquilo que ele merecia, a meritocracia. Estamos falando da formação de profissionais em uma sociedade estratificada – ascensão dos que sempre ascenderam, que vão ingressar no ensino superior e obterão cargos de prestígio, e aos menos privilegiados, uma formação (des)qualificada com a qual não ingressam nem no mercado de trabalho, nem conseguem disputar de forma igualitária os vestibulares. As justificativas de implementação de ambas as reformas são as mesmas: diminuir a evasão escolar, as taxas de analfabetismo, melhorar as escolas e a formação dos professores. É fundamental que nós, educadores, professores de ciências, tenhamos consciência crítica frente ao cenário político educacional, pois o Estado encobre os reais problemas da educação básica, culpabilizando os professores pela má-formação dos estudantes e trazendo como solução e melhoria a centralização e padronização educacional (Leal, 2024) – que não trouxe melhorias em 71 e não trará nos dias atuais – mas que faz parte da política neoliberalista de esvaziamento da formação básica e promoção do alargamento da desigualdade social.

REFERÊNCIAS

BELTRAN, Maria H. R. **História da ciência e ensino:** abordagens interdisciplinares. São Paulo: Livraria da Física, 2017.

BLOOM, Benjamin. S. Some major problems in educational measurement. **Journal or Educational Research**, v. 38, n. 1, p. 139-142, 1944.

BLOOM, Benjamin S. **Taxonomy of educational objectives**. New York: David Mckay, 1956.

BLOOM, Benjamin. S. Innocence in education. **The School Review**, v. 80, n. 3, p. 333-352, 1972.

BOTELHO, André. José Leite Lopes: a ciência e o desenvolvimentismo brasileiro, 1950-80. **Centro Brasileiro de Pesquisas Físicas**, Rio de Janeiro, v.3, n. 4 , 2010. Disponível em: http://cbpfindex.cbpf.br/publication_pdfs/CS00304.2010_08_11_17_46_59.pdf. Acesso em: 3 dez. 2023.

BRASIL. **Lei nº 5.692, de 11 de agosto de 1971**. Brasília, 1971a. Disponível em: https://www2.camara.leg.br/legin/fed/lei/1970-1979/lei-5692-11-agosto-1971-357752-publicacaooriginal-1-pl.html Acesso em: 18 jun. 2022.

BRASIL. **Medida Provisória nº 746**, 22 de setembro de 2016. Brasília, 2016. Disponível em: https://www.congressonacional.leg.br/materias/medidas-provisorias/-/mpv/126992. Acesso em: 3 dez. 2023.

BRASIL. **Parecer nº 853, de 12 de novembro de 1971**, do CFE: Núcleo-comum para os currículos do ensino de 1º e 2º graus. Brasília, 1971b. Disponível em: http://www.histedbr.fe.unicamp.br/. Acesso em: 4 abr. 2023.

BRASIL. **Portaria interministerial nº 3, de 29 de agosto de 2023**. Disponível em: ttps://www.gov.br/fnde/pt-br/acesso-a-informacao/acoes-e-programas/financiamento/fundeb/legislacao/2023/portaria-interministerial-no-2-de-19-de-abril-de-2023.pdf Acesso em: 3 dez. 2023.

BRASIL. **Resolução nº 8/71, de 1º de dezembro de 1971**, do CFE: Fixa o núcleo comum para os currículos do ensino de 1º e 2º graus, definindo os objetivos e a amplitude. Brasília, 1971c. Disponível em: http://www.histedbr.fe.unicamp.br/. Acesso em: 4 abr. 2023.

BULCÃO, Maria C. S. ; ARAÚJO, Ronaldo M. de L.; SOUZA, Aline G. de; COELHO, Sandy C. S. A 'nova' reforma do ensino médio: a palavra de ordem é flexibilizar. *In:* **Apresentação de Trabalho da Conferência Nacional Popular de**

Educação (CONAPE). 2018. Disponível em: https://fnpe.com.br/conape2018/ Acessado em 3 de dezembro de 2023.

CASSAB, Mariana. O movimento renovador do ensino das ciências: entre renovar a escola secundária e assegurar o prestígio social da ciência. **Revista Tempos e Espaço em Educação**, São Cristóvão, v. 8, n. 16, 2015. Disponível em: https://doi.org/10.20952/revtee.v0i0.3938 Acesso em: 2 jun. 2022.

CÁSSIO, Fernando; GOULART, Débora C. A implementação do novo ensino médio nos estados: das promessas da reforma ao ensino médio nem-nem. **Retratos da Escola**, Campinas, v. 16, n. 35, 2022. Disponível em: http://retratosdaescola.emnuvens.com.br/rde Acesso em: 3 dez. 2023.

CONFEDERAÇÃO NACIONAL DOS TRABALHADORES EM ESTABELECIMENTOS DE ENSINO (CONTEE). Sinpro/RS: Quais são os interesses das fundações e institutos empresariais com a BNCC e o 'novo' ensino médio?. 2019. Disponível em: https://contee.org.br/sinpro-rs-quais-sao-os-interesses-das-fundacoes-e-institutos-empresariais-com-a-bncc-e-o-novo-ensino-medio/. Acesso em: 3 dez. 2023.

COSTA, Hugo H. C.; LOPES, Alice C. A contextualização do conhecimento no ensino médio: tentativas de controle do outro. **Educação & Sociedade**, Campinas, v. 39, n. 143, 2018. Disponível em: https://doi.org/10.1590/ES0101-73302018184558 Acessado em 3 de dezembro de 2023.

DEWEY, J. **Vida e educação**. São Paulo: Melhoramentos, 1965.

FERRAZ, A. P. DO C. M.; BELHOT, R. V. Taxonomia de Bloom: revisão teórica e apresentação das adequações do instrumento para definição de objetivos instrucionais. **Gestão & Produção**, São Carlos, v. 17, n. 2, 2010. Disponível em: https://doi.org/10.1590/S0104-530X2010000200015 Acesso em: 28 jun. 2024.

FREITAG, Bárbara. **Escola, estado e sociedade.** São Paulo: EDART, 1977.

FREITAS, Luiz C. de. Os reformadores empresariais da educação e a disputa pelo controle do processo pedagógico na escola. **Educação & Sociedade**, Campinas, v. 35, n. 129, 2014. Disponível em: https://doi.org/10.1590/ES0101-73302014143817. Acesso em: 6 mar. 2021.

LEAL, Raiza C. de O. **A interface história da ciência e ensino de ciências em documentos curriculares da educação brasileira (de 1960 aos tempos atuais).** Dissertação de Mestrado (História da Ciência). Pontifícia Universidade Católica. São Paulo. 2024. Disponível em: https://repositorio.pucsp.br/jspui/handle/handle/41333 Acesso em: 28 jun. 2024.

LIMA, Rommel W. **Mapa de Conteúdos e Mapa de Dependências: ferramentas pedagógicas para uma metodologia de planejamento baseada em objetivos educacionais e sua implementação em um ambiente virtual de aprendizagem.** Tese de Doutorado (Engenharia). UFRN. Rio Grande do Norte. 2009. Disponível em: https://repositorio.ufrn.br/handle/123456789/15144 . Acesso em: 28 jun. 2024.

LOPES, Alice C.; MACEDO, Elizabeth. **Teorias de currículo**. São Paulo: Cortez, 2013.

MACEDO, Elizabeth. O ensino de ciências no começo da segunda metade do século da tecnologia. *In*: LOPES, Alice; MACEDO, Elisabeth (Orgs). **Currículos de ciências em debate.** São Paulo: Papirus, 2016.

MINISTÉRIO DA EDUCAÇÃO. Parâmetros Curriculares Nacionais do Ensino Médio. 2000. Disponível em: http://portal.mec.gov.br/seb/arquivos/pdf/blegais.pdf . Acesso em: 6 abr. 2024.

MINISTÉRIO DA EDUCAÇÃO. Qual a diferença entre BNCC e currículo? 2018. Disponível em: http://basenacionalcomum.mec.gov.br/a-base. Acesso em: 6 mar. 2021.

QUEIROZ, Maria N. A.; HOUSOME, Yassukoas. Disciplinas Científicas do Ensino Básico na Legislação Educacional Brasileira nos anos de 1960 e 1970. **Ensaio Pesquisa em Educação em Ciências,** Belo Horizonte, v. 20, 2018. Disponível em: https://Doi.Org/10.1590/1983-211720182001025 Acessado em: 28 jun. 2022.

ROMANELLI, Otaiza de O. **História da educação no Brasil**. Petrópolis: Vozes, 1986.

SILVA, Tomaz T. **Documentos de identidade:** uma introdução às teorias do currículo. Belo Horizonte: Autêntica, 1999.

ZOTTI, Solange A. Sociedade, Educação e Currículo no Brasil: dos Jesuítas aos anos 80. **Quaestio - Revista de Estudos em Educação**, Sorocaba, v. 4, n. 2, 2002. Disponível em: https://periodicos.uniso.br/quaestio/article/view/1384. Acesso em: 7 dez. 2023.

4

MOLÉCULAS QUE ENTRARAM PARA HISTÓRIA: A CONSTRUÇÃO DE MODELOS PARA O ENSINO DE QUÍMICA NUMA PROPOSTA DA HUMANIZAÇÃO DO ENSINO E EDUCAÇÃO INCLUSIVA

Monique Gonçalves[2]

INTRODUÇÃO

A concepção deste capítulo surgiu do diálogo estabelecido entre as experiências pessoais da autora, enquanto docente da disciplina de química no Ensino Médio, em instituições públicas e privadas, e das reflexões dos estudos desenvolvidos durante seu curso de Pós-graduação em Educação Especial e Inclusiva que foi concluído em 2019.

Após quase 20 anos de magistério, a missão docente passou a ser a de ressignificar ao aluno aquilo que ele aprende, numa proposta de Letramento Científico e Alfabetização Científica, através da criação de trabalho por projetos, fazendo o aluno ser o protagonista de sua formação e convidando-o a criar. A proposta de projetos em equipe, através de trabalhos colaborativos, é o pano de fundo desta pesquisa.

Esse trabalho traz uma proposta pedagógica para o ensino de química, de maneira contextualizada, transdisciplinar e com foco na humanização do ensino, buscando inserir todos os estudantes numa proposta de educação inclusiva.

O objetivo do trabalho é mostrar que a elaboração de recursos acessíveis, usando material de baixo custo para o ensino de Química, pode favorecer

2 Docente em Química - Instituto de Aplicação Fernando Rodrigues da Silveira (CAp UERJ) e Instituto Superior de Educação do Rio de Janeiro (ISERJ/FAETEC)

o aprendizado de todos os estudantes, inclusive daqueles com necessidades educacionais especiais. Assim, o estudo insere-se num contexto que envolve a ênfase no campo do ensino da Química, em especial pensando numa proposta que envolve as moléculas que entraram para a história.

Acredita-se que muitos alunos se mostram refratários à Química pelo excesso de fórmulas e sua memorização, em virtude de existirem práticas de ensino que, ao meu ver, afasta a maioria dos estudantes da disciplina e do mundo das ciências como um todo.

Levando em conta a prática pessoal como docente, sempre existiu a intenção de tornar a Química mais lúdica, acessível e agradável aos alunos. Isso se fez, por exemplo, ilustrando aspectos históricos de algumas moléculas importantes ao longo do tempo, desde o seu descobrimento até sua produção e aplicação, sobretudo no cotidiano dos estudantes. Essa prática buscava aproximá-los de uma ciência "temida" a partir de situações do cotidiano, mostrando como os conteúdos e conceitos referentes à disciplina fazem parte das nossas vidas.

Sabendo da realidade do ensino de Química enquanto de difícil compreensão por parte dos estudantes e, pensando em como torná-la acessível também para estudantes com necessidades educacionais especiais (NEE), numa perspectiva de inclusão escolar, estabeleceu-se uma proposta de trabalho. Esta visava a aplicação de um trabalho colaborativo entre os estudantes para a criação de modelos químicos tridimensionais, usando materiais de baixo custo, que pudessem ser usados como recursos de ensino.

Nesse contexto, pode-se pensar o uso da tecnologia assistiva enquanto um conjunto de recursos que contribuem para proporcionar ou ampliar as habilidades dos indivíduos com NEE e, consequentemente, promover sua autonomia (Bersch; Pelosi, 2006), já que é preciso considerar que uma deficiência ou transtorno não tira a cidadania de ninguém, muito pelo contrário, exige desses indivíduos maior participação e clareza da sociedade em que vivem (Perovano; Melo, 2019).

Sob este olhar, torna-se possível e viável desenvolver estratégias para inclusão no Ensino de Ciências, como, por exemplo, com o uso das tecnologias assistivas, a experimentação, a utilização de materiais de baixo custo, a adaptação e ressignificação de materiais e modelos didáticos, que levam à aprendizagem de todos os alunos, e não somente do aluno com NEE.

Entretanto, para entender e estudar a aplicação das práticas voltadas para o ensino inclusivo de Química, e das ciências da natureza de um modo geral, faz-se necessário entender um pouco mais sobre o contexto da educação inclusiva e, principalmente, conhecer e se colocar no lugar dos indivíduos com deficiência e das pessoas com necessidades educacionais especiais. Portanto, em um primeiro momento, são apresentadas as concepções do ensino inclusivo. Em seguida, será explanada a proposta para o ensino de Química acessível.

No entanto, é preciso contextualizar o ensino de química na contemporaneidade. Após um longo período de ensino remoto, tornou-se pauta constante de discussão entre os professores, principalmente os professores de ciências e matemática, que os estudantes estão chegando ao primeiro ano do EM cada vez mais desinteressados e com lacunas na sua formação. Espera-se que a tarefa docente, com trabalho de nivelamento para com esses alunos, irá perdurar pelos próximos anos.

Para além do desenvolvimento e interação social, muitos estudantes não tiveram condições de acompanhar as aulas remotas, por diversos fatores, tais como, a exclusão digital, o acesso à internet e equipamentos eletrônicos. As políticas públicas para amenizar esse abismo não foi a mesma em todas as escolas do país, de modo que o abismo de conteúdos se tornou ainda maior, sobretudo se compararmos os resultados das escolas públicas e privadas.

Enquanto professores e pesquisadores na área do ensino, não podemos deixar de levar em consideração os fatores sociais que atravessam nossos alunos e filhos, e suas subjetividades, levando em conta os impactos que a pandemia da COVID-19 deixou nessa geração. O isolamento social, o medo do contato físico e o temor da contaminação com o vírus SARS-CoV-2 implicaram na forma como todos nós saímos desse período pandêmico, e no grupo das crianças, pré-adolescentes e adolescentes esses efeitos foram intensificados.

A pandemia do COVID-19 mostrou como a desigualdade social é tão evidente ao nosso redor. Além disso, fez com que as instituições de ensino tivessem que ampliar seu significado na sociedade, a fim de garantir o processo de ensino-aprendizagem mediante às adversidades impostas pelo vírus, tendo que adotar em alguns casos o modelo híbrido de ensino.

Neste período marcante em que vivemos, num passado não tão distante, foi (e continua sendo necessário) que as escolas e os docentes investissem pesado em formação, pesquisa, novas metodologias de ensino e tecnologias, principalmente, no rompimento com paradigmas conservadores de ensino.

Tendo postas todas essas dificuldades, a concepção deste capítulo surgiu no período pré-pandêmico e é escrito num período pós-pandêmico, no qual a autora passou por um período de gestação, estado puerperal e licença maternidade, e se viu mãe de primeira viagem, tendo que se dividir entre as delícias e tarefas dos cuidados de uma criança, após um longo período de trabalho nas escolas com jovens adolescentes, e todas as questões que esses jovens estão trazendo para as escolas, implicados por suas subjetividades.

A questão é que ser professor se tornou uma missão ainda mais árdua e desafiadora nos tempos atuais, e esse trabalho traz uma proposta de trabalho que faz o uso de moléculas orgânicas, que entraram para a história, a fim de atrair a atenção e os olhares dos estudantes para o estudo de química.

O presente capítulo é o resultado de um trabalho descritivo de uma atividade realizada com estudantes do 2º ano do Ensino Médio de uma escola privada, cuja tarefa foi elaborar uma estrutura molecular usando materiais de baixo custo e/ou recicláveis. O material elaborado, após a culminância da atividade, foi em seguida doado para uma escola pública na Baixada Fluminense do Rio de Janeiro, no município de Duque de Caxias, e usada como recurso pedagógico com um estudante cego, que então pode *"ver com os dedos"* as estruturas moleculares descritas no quadro, que antes só eram compreendidas através de abstração do aluno feita pela descrição oral do professor.

A ideia inicial do projeto foi sensibilizar os estudantes para a importância de se estudar química, aproximá-los de uma ciência tão temida por grande parte dos estudantes, tornando-a acessível e agradável mostrando a evolução de moléculas que foram protagonistas na ciência ao longo da história, e assim, pelos aspectos históricos, ilustrar características marcantes e curiosas sobre esses compostos, importantes ao longo do tempo, sobretudo no uso cotidiano.

A atuação de grande parte dessas moléculas nem sempre ocorreu de maneira positiva, como foi o caso da molécula da Talidomida, um fármaco conhecido hoje por ser um sedativo, anti-inflamatório e hipnótico, mas que no início da década de 60 foi usado por gestantes para inibir os enjoos durante os três primeiros meses gestacionais, no entanto causou uma série de problemas na formação congênita de bebês, com malformações e/ou ausência de membros no feto, por conta da formação de seu enantiômero durante a síntese.

INCLUSÃO ESCOLAR – ENSINO PARA TODOS E PARA CADA UM

Segundo Gerson Mól (2019), as deficiências sempre estiveram presentes na história humana e em diferentes situações surgiram diversas perspectivas com relação às pessoas com deficiência:

> Em geral, essas trajetórias foram marcadas por estigmas sociais e por concepções de caráter excludente, exigindo uma luta permanente pela defesa de direitos básicos: à vida, à dignidade, ao bem-estar, à participação social e ao desenvolvimento pleno de todas as pessoas com deficiência (Mol, 2019, p.14).

Por isso é tão importante estudar e conhecer a evolução humana, para assim buscar novas estratégias que possam contribuir para melhor compreender a condição e realidade da pessoa com deficiência, e assim buscar novos caminhos que deem a ela uma condição de vida mais digna, com respeito à diversidade, e melhores condições de aprendizado, ou seja, pensar na efetividade da Educação Inclusiva.

É então papel da escola e de professores, como protagonistas das ações pedagógicas nesse espaço, oferecer caminhos alternativos para a aprendizagem efetiva daqueles que não conseguiram obtê-la por caminhos tradicionais (Vygotsky, 1997).

O indivíduo com deficiência precisa ser visto pela escola sob dois ângulos: o primeiro, aquele que reconhece e respeita os obstáculos produzidos pela deficiência, e o segundo de que há possibilidades para aprender, desde que sejam ofertados caminhos alternativos, mediações, adaptações e tecnologias para transpor barreiras ao conhecimento. Vygotsky acreditava na capacidade do homem em superar impedimentos a partir da criação de processos adaptativos, contudo, essa superação só acontece via interação com os fatores ambientais, uma vez que o desenvolvimento se dá pelo entrelaçar de fatores externos e internos (Orrú, 2017).

Uma das formas de efetivar ações que promovam a superação da desqualificação da pessoa com deficiência, bem como sua valorização no espaço escolar, é a realização de ações que promovam a empatia em sala de aula. A experiência do "sentir-se com" já era usada pelos antigos gregos em seu vocabulário *emphatheia*. A empatia refere-se à possibilidade de estar presente, de viver com o outro e como o outro o seu "*pathos*", ou seja, sua paixão, seu sofrimento, sua dor (Junior, 2004). Nesse contexto, Hoffman (2000) afirma que:

> A capacidade de uma pessoa para se colocar no lugar do outro, inferir seus sentimentos e, a partir do conhecimento gerado por esse processo, dar uma resposta mais adequada para a situação do outro do que para sua própria situação (Hoffman, 2000, p. 285).

As barreiras da alienação e da invisibilidade só são vencidas quando se tira da margem pessoas que, mesmo estando em um determinado lugar não fazem parte dele, não têm poder decisório, nem suas necessidades atendidas. Esse processo da invisibilidade acontece em virtude de um preconceito velado, incorporado nas linguagens e comportamentos (Piva, 2015).

Pensando nessas barreiras da alienação citadas anteriormente, podemos nos voltar ao ensino de ciências da natureza, que também apresenta uma enorme barreira a ser vencida pelos estudantes da educação básica de um modo geral, logo não seria diferente para os estudantes com NEE. Nas últimas décadas, diversos autores têm sinalizado que o Ensino de Ciências na Educação Básica deve ter a finalidade de formar cidadãos que consigam se posicionar de maneira crítica frente aos problemas sociais e, para tal, é imprescindível a aprendizagem de conceitos científicos que abordem as ciências naturais e a aplicação dos métodos científicos (Arroyo [1988], Mortimer e Santos [2000], Mól e Santos [1999], Delizoicov, Angotti e Pernambuco [2011], Salla, Caixeta e Silva [2015] e Silva [2015]).

A temática do preconceito e da discriminação de pessoas com NEE é pertinente no ensino de ciências por três razões: a primeira, está vinculada ao eixo *ética* dos temas transversais (Brasil, 1998); a segunda, problematiza o que é ou não pertinente de ser abordado no ensino de ciências, uma vez que há uma tendência de os professores se prenderem aos conteúdos e às sequências dos livros didáticos, desconsiderando as interações em sala de aula, as quais abrem muitas oportunidades aos debates de temas relevantes no contexto educacional (Vinha, 2003). E a terceira razão, que possibilita a inovação de estratégias de ensino e a flexibilização de conceitos científicos.

Um caminho para desenvolver o ensino com essa proposta é a inclusão escolar, a qual está compreendida a partir do tripé: acesso, permanência/participação e aprendizagem (Ainscow, 2001), como também esclarece Ferreira (2005):

> Inclusão diz respeito à presença, participação e aquisição de todos os alunos. Presença diz respeito à frequência e pontualidade dos alunos na sua escolarização. Participação tem a ver com como os alunos percebem a sua própria aprendizagem e se a mesma possui qualidade acadêmica. Aquisição se refere aos resultados da aprendizagem em termos de todo conteúdo curricular dentro e fora de escola. (Ferreira, 2005, p.44)

Ou seja, conceber uma proposta de ensino de Química que seja acessível aos estudantes em geral, envolve todos, mesmo os que apresentem caminhos muito diferenciados para aprender, e é justamente essa a inquietação que envolve esse trabalho.

A elaboração de materiais adaptados e modelos didáticos é entendida como representações que são confeccionadas a partir de materiais concretos, de estruturas ou partes de processos estudados no ensino de Ciências (Justina; Ferla, 2006).

O ensino de Ciências deve orientar a mediação para os chamados objetivos de desenvolvimento, para as competências que os estudantes serão capazes de construir por meio da interação social com seus pares, ou com os demais estudantes mais aptos, como defende Vygotsky (Cachapuz; Praia; Jorge, 2004).

Como já foi dito anteriormente, aprender Ciências é importante para a formação e autonomia cidadã, de acordo com a Lei de Diretrizes e Bases da Educação Nacional (LDB) (Brasil, 1996), e, ao mesmo tempo, com a perspectiva de Chassot (2006), que afirma ser valiosa uma alfabetização científica para que os sujeitos consigam constituir conhecimentos que facilitem sua existência no mundo, por meio de uma leitura crítica, autônoma e científica do ambiente em que estão inseridos.

Para efetivar a aprendizagem de estudantes com NEE, a elaboração de recursos acessíveis é uma alternativa que compõe os planejamentos de ensino. A tecnologia assistiva, como já dito, se apresenta como suporte para essa elaboração:

> Tecnologia Assistiva é uma área do conhecimento, de característica interdisciplinar, que engloba produtos, recursos, metodologias, estratégias, práticas e serviços que objetivam promover a funcionalidade, relacionada à atividade e participação, de pessoas com deficiência, incapacidades ou mobilidade reduzida, visando sua autonomia, independência, qualidade de vida e inclusão social (Brasil, 2007).

O termo tecnologia assistiva (TA) pode conduzir a uma ideia de que a área envolve somente recursos tecnológicos como: computadores, *tablets,* aparelhos eletrônicos ou materiais de alto custo. Porém, a designação de materiais de baixo custo também constitui a área da TA. Para esclarecer, Braun e Marin (2011) explanam sobre o que constitui TA de baixo custo:

> [...] elementos estruturados (jogos industrializados, brinquedos, calculadoras) e não estruturados (confeccionados para as necessidades do aluno), a elaboração envolve material de baixo custo (papelão, madeira, revistas, fotografias, materiais reaproveitáveis); estratégias de ensino variadas (individualização, reforço no contraturno, presença de escribas ou ledores); práticas escolares que atendam demandas específicas (maior interação verbal, variação de linguagens, diversificação no ensino, análises de processos de aprendizagem) (Braun e Marin, 2011, p. 97).

Tais indicações reforçam a ideia proposta de desenvolver um trabalho colaborativo e a elaboração de modelos tridimensionais com materiais de baixo custo.

Sabendo dessa possibilidade, a seguir será descrito o desenvolvimento de uma atividade utilizando materiais de baixo custo para estudantes do Ensino Médio. Esta foi desenvolvida a partir de uma metodologia de trabalho implementada inicialmente em escola privada e, em seguida, em uma escola pública estadual no município de Duque de Caxias, com um estudante deficiente visual. Por intermédio do tema *'Moléculas que entraram para a história'* é que a ação foi realizada.

UMA PROPOSTA PARA O ENSINO - QUÍMICA ACESSÍVEL

Ensinar é um ato criador, um ato crítico e não mecânico.
(Freire, 1996, p. 81).

É muito comum professores de Química ouvirem de seus alunos a seguinte pergunta: *Professor, por que eu tenho que estudar Química?*

Entre os alunos o senso comum é: *Eu odeio Química!*. E essa foi a motivação para trabalhar a disciplina de forma mais contextualizada, mostrando a aplicabilidade da Química no cotidiano, de modo que o aluno pudesse aproveitar a disciplina para sua vida, além da escola, e não apenas cumprir um requisito, como passar de ano ou ser aprovado no vestibular.

Algumas perguntas corriqueiras são feitas no cotidiano das pessoas, e muitas não se dão conta de que os conhecimentos da Química podem ser utilizados para respondê-las, como por exemplo:

- Como desentupir uma pia entupida com gordura?
- Por que cortar limão ao Sol deixa a pele escura (oxidada)?
- Por que o removedor de esmaltes que utilizamos hoje em dia não é tão bom quanto o que usávamos no passado?
- Por que é tão nocivo o uso de naftalina em guarda-roupas e sapateiras?
- Por que água não basta para limpar mãos sujas de graxa?
- Como foi a criação do aspartame, um dos primeiros adoçantes sintéticos?
- O que a laranja e o limão têm em comum além da acidez?
- Por que vitamina C em tabletes efervescentes devem ser ingeridas assim que se dissolvem?
- Há petróleo no batom?
- Como remover chicletes dos cabelos sem precisar cortá-los?
- É verdade que mascar cravo ou casca de alguma fruta cítrica máscara o álcool etílico no teste do bafômetro?

- Como é possível fazer sabão a partir de óleo de fritura?
- Por que chá de boldo faz bem ao fígado? Qual é a composição química de suas folhas?

Essas são algumas das tantas perguntas que podem ser feitas para apresentar a importância da Química aos estudantes. Suas respostas podem ser levadas pelos alunos para toda vida, pois são conhecimentos que não se perdem após a prova do vestibular, por exemplo, ou depois do término do ano letivo. Estes são questionamentos curiosos, cujas respostas interessam mesmo aos alunos que se mostram mais apáticos à disciplina. Por isso, com essas questões, é possível aumentar o interesse daqueles que já gostam de ciências e, ao mesmo tempo, envolver estudantes que estão na escola em processos de inclusão em função de suas NEE.

Estudantes com deficiência intelectual, deficiência física, cegueira, baixa visão, surdez, altas habilidades ou transtorno do espectro do autismo – só para ilustrar o que são NEE – se beneficiam de propostas que visam tornar qualquer disciplina mais acessível, vislumbrando favorecer a aprendizagem a partir de recursos e estratégias planejadas para atender a todos e a cada um.

O ensino de Química pode apresentar seus conteúdos e conceitos de modo a atender os mais variados estilos de aprendizagem, para citar alguns, há: jogos lúdicos; trabalhos colaborativos em grupos; atividades interdisciplinares e transdisciplinares; discussão de temas cotidianos; experimentos; produção de modelos tridimensionais de estruturas químicas; observações e registros; entre outros.

Segundo Lima (2012), o ensino de Química é um assunto polêmico e amplamente debatido, e que os alunos enfrentam muitas dificuldades no processo de aprendizagem.

> Um ponto de vista polêmico e amplamente debatido em pesquisas realizadas na área de ensino e educação é a grande dificuldade que os alunos do Ensino Médio enfrentam no processo de aprendizagem dos conteúdos da disciplina de Química. Ao observarmos como ela é ensinada nas Escolas brasileiras, identificamos que seus conhecimentos são difíceis de serem entendidos. Isso se deve

> principalmente aos conceitos complexos necessários e ao rápido crescimento do conjunto de conhecimentos que a envolvem (Lima, 2012, p. 96).

A presente proposta de trabalho buscou fomentar o ensino de modo que os estudantes se apropriem dos conteúdos de Química sem um olhar distorcido, que muitas vezes os afasta cada vez mais dos estudos, rejeitando essa área da ciência. O grande desafio é fazê-los compreender que a Química está presente em seu cotidiano: cosméticos e higiene pessoal; combustíveis usados nos meios de transporte a caminho da escola (gasolina, etanol, diesel, GNV); o solado de borracha do tênis que usam (material polimérico); roupas coloridas (corantes sintéticos); a alimentação ao longo do dia (produtos industrializados e seus conservantes, corantes e aditivos químicos); os refrigerantes, que servem como ótimos materiais de limpeza (removem manchas, soltam parafusos oxidados, dão brilho a metais e peças cromadas).

Assim, a proposta de uma Química acessível e humanizadora traz ao professor a responsabilidade de iniciar os conteúdos a partir dos conhecimentos que os discentes possuem, ou seja, partindo do saber cotidiano, daquilo que aprenderam com seus familiares ao cozinharem um bolo ou consertar um carro, por exemplo.

O DESENVOLVIMENTO DA PROPOSTA: UM RELATO DE EXPERIÊNCIA

Essa seção tem por objetivo descrever como aconteceu a aplicação dos princípios de ensino da Química, por meio de recursos e estratégias acessíveis.

O objetivo principal da proposta foi conduzir uma atividade pedagógica de forma colaborativa e humanizada, priorizando o aprendizado dos conteúdos de Química Orgânica. Os objetivos específicos foram: abordar a aplicação da Química no cotidiano, a fim promover maior interesse pela disciplina e pela ciência, em geral; adquirir conhecimento a partir daquilo que ele já conhece; promover a colaboração a partir de atividades em grupo, priorizando a construção do conhecimento a partir do trabalho colaborativo; elaborar modelos químicos usando materiais de baixo custo; promover a aprendizagem e inclusão de estudantes com necessidades educacionais especiais.

O projeto ***"Moléculas que entraram para a história"*** foi desenvolvido numa escola privada, com turmas de 2ª série do Ensino Médio, ao longo de todo o período letivo de 2018, e de uma escola pública estadual técnica, com turma de 3ª série do Ensino Médio, com culminância na Semana Nacional de Ciência e Tecnologia do ano de 2019 (figura 1), que aconteceu no dia 24 de outubro.

Em ambas as situações, foi proposto aos estudantes a construção de modelos com diversos materiais de baixo custo, a fim de representar estruturas de moléculas químicas. Essas tiveram algum papel ao longo da história, seja para o bem ou para o mal da humanidade.

A partir do sorteio de substâncias químicas orgânicas, pediu-se aos alunos que se organizassem em grupos de 5 a 6 e construíssem modelos de estruturas Químicas com materiais de baixo custo ou recicláveis, como: palitos de dente ou de churrasco; bolinhas de isopor; jujubas; ou qualquer material reutilizável ou de reaproveitamento. Tais estruturas deveriam respeitar a geometria e hibridização dos carbonos, conhecimento químico primordial para compreender os saberes da Química na 3ª série do Ensino Médio.

Na prática, o trabalho se propôs a explorar atividades em grupo, fortalecendo a ideia de ações colaborativas, de forma que os alunos com mais facilidade em Química, ajudassem os colegas com maior dificuldade.

Figura 1. Semana Nacional de Ciência e Tecnologia

Fonte: Acervo pessoal da autora (2019).

A culminância do projeto se deu por meio de um seminário, no qual cada grupo expôs seu projeto para os colegas e apresentou os aspectos históricos mais relevantes. A título de exemplo, o grupo sorteado com a molécula do gás lacrimogêneo levantou questões geopolíticas da 1ª Guerra Mundial, os danos causados e seu modo de produção, sobretudo em escala industrial.

A atividade contribuiu para pensar a Química dentro de um contexto histórico social, como uma ciência presente em diversos setores da sociedade, cujos avanços colaboraram para o aumento da expectativa de vida das pessoas (Química Medicinal e fármacos), e para que a ciência dos materiais desenvolvesse próteses médicas e demais aparatos tecnológicos, por exemplo. Não obstante, por seu lado obscuro:

> As guerras e suas necessidades de novidades tecnológicas beneficiaram-se dos avanços da Química, principalmente nos campos da Medicina (por meio da manipulação dos fármacos), das armas (pólvora, combustíveis) e, também, na exploração de minérios oriundos das colônias (Rigue, 2017, p. 42).

Como critério de avaliação para a atividade proposta, foram examinados: a *forma* e o *conteúdo* dados à história da molécula pelos alunos; sua relevância Química; seus efeitos; a apresentação de dados e/ou benefícios; os aspectos estéticos referentes à representação construída.

Na escola privada, muitos grupos dos estudantes propuseram rodas de debate, sobretudo quando seus temas tangenciam a aproximação referente a drogas ilícitas, o que foi trazido por eles. Foram expostas falas sobre a liberação ou não de algumas drogas ilícitas, dados estatísticos de países que legalizaram algumas, entre outros. Ao mesmo tempo, os alunos pensaram e problematizam os prós e contra em legalizar algumas drogas ilícitas em um país como o Brasil, tão heterogêneo e desigual, o que trouxe para o debate o levantamento da questão do preconceito racial e da má distribuição de renda. Foram trabalhos riquíssimos e que convidaram toda a turma a participar.

Na escola particular, de onde partiu os modelos, havia um aluno com uma série de questões de relacionamento social, muito introspectivo, pouca interação com o restante da turma (limitando-se apenas a quatro colegas que se sentavam próximos à sua carteira). O mesmo até tinha dificuldades com a professora, a comunicação verbal se dava apenas quando era abordado pela mesma.

Esse aluno apresentava uma certa dificuldade de aprendizado e a atividade proposta seria uma forma de atraí-lo para a Química. Como seu grupo era composto por seus quatro colegas mais próximos, a construção e elaboração da estrutura sorteada não foi um fator que dificultou a execução da tarefa proposta. No entanto, com relação à apresentação do seminário, poderia ser para ele um grande desafio.

Porém, é preciso relatar que na apresentação seu grupo foi seu grande apoio, e toda a turma o "abraçou", de modo que, mesmo com muita dificuldade e pouco contato visual, conseguiu apresentar sua parte do trabalho.

A regra de organização colocada ao grande grupo era que todos os integrantes apresentassem uma parte da pesquisa, ninguém podia deixar de falar. Sabendo disso, superando suas dificuldades, o aluno conseguiu apresentar a pesquisa, com o apoio da turma, dos membros do grupo e da professora, além de apresentar o seminário até o fim. Eis a importância de se colocar no lugar do outro, fator que a humanização do ensino muito defende. Na sequência, segue uma montagem reunindo algumas figuras dos projetos produzidos pelos alunos (Figura 2).

Cada estudante assumiu um papel de protagonista em sua formação na condução de suas pesquisas, o que ainda corroborou na elaboração de um produto que gerou frutos em outras instituições de ensino. O desfecho do trabalho foi a doação do material produzido pelos alunos para duas escolas públicas, que têm alunos com NEE.

Em uma das escolas públicas, o material foi utilizado em uma turma de 3ª série do Ensino Médio que tinha um aluno cego. Este aluno fazia suas anotações com punção e reglete e recebia o apoio de um ledor. Os modelos produzidos serviram de recurso não apenas para trabalhar com esse aluno, mas com toda a turma, que demonstrava maior interesse pelas aulas quando os modelos eram apresentados. Valendo-se do tato, foi possível ensinar Química orgânica, que usualmente depende bastante da visão e de desenhos. Assim, trabalhar com o aluno cego, além de representar um gratificante desafio, permitiu rever antigos paradigmas e readaptar a prática docente quanto à Química Orgânica.

Figura 2. Modelos de moléculas.

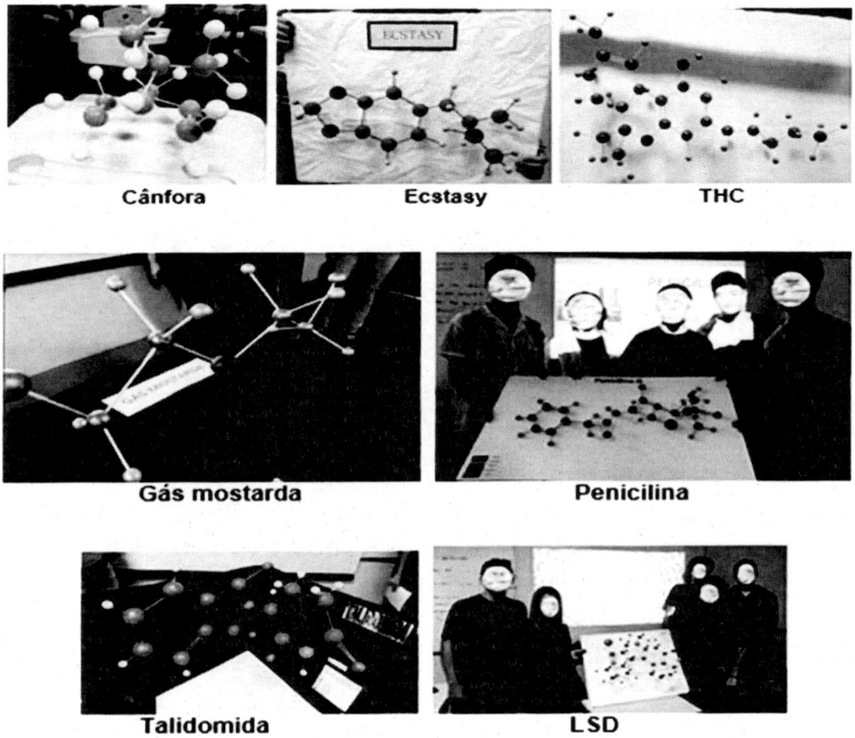

Cânfora Ecstasy THC

Gás mostarda Penicilina

Talidomida LSD

Fonte: Acervo pessoal da autora (2018).

Conforme relato de alguns docentes, a atividade contribuiu para o desenvolvimento da visão espacial dos alunos que enxergam, cuja insuficiência impacta na resolução de exercícios relacionados à abstração espacial, como os aplicados em algumas áreas da Matemática, da Física e da própria Química.

A seguir, segue outra Figura com a imagem do aluno com deficiência visual manuseando um modelo (Figura 3):

Figura 3. Aluno com deficiência visual sendo apresentado aos modelos moleculares com materiais de baixo custo – "vendo com as mãos".

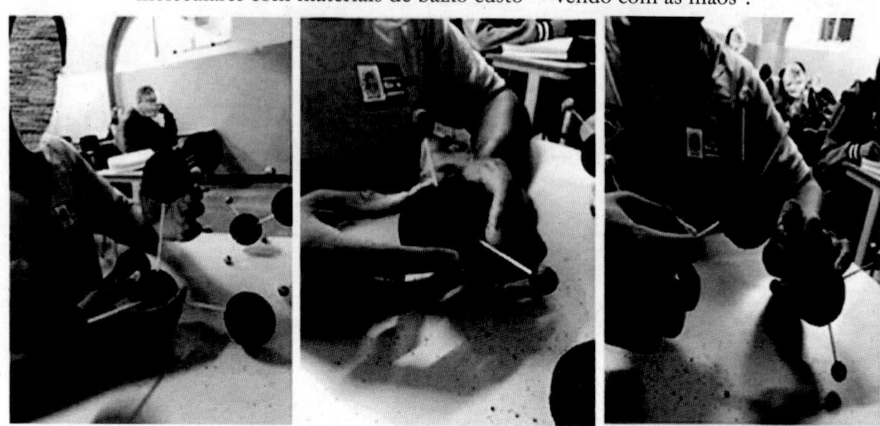

Fonte: Acervo pessoal da autora (2018).

Como pode ser visualizado na Figura 3, para auxiliar na contagem dos átomos de carbono e hidrogênio, sobretudo das estruturas mais longas dos hidrocarbonetos, o aluno contava com a ajuda do Soroban, uma calculadora para pessoas com deficiência visual. Ainda contava com o auxílio de um ledor durante as aulas, que foi um suporte importante não somente ao aluno, mas também uma ajuda à docente. O ledor, estagiário da Pedagogia, o auxiliava através da leitura do quadro, para que ele pudesse escrever a matéria em suas fichas, ajudava-o na leitura das avaliações e ainda a desmontar as estruturas químicas que eram montadas pela professora.

É importante sinalizar que o papel ledor na aula de Química era crucial para que fosse possível dar andamento às ações inclusivas, tendo em vista a necessidade de um suporte efetivo à docente que também possuía vários outros estudantes na sala de aula.

CONCLUSÃO

O trabalho permitiu aos estudantes o desenvolvimento e a aquisição de competências e habilidades que contribuíram para o desenvolvimento de uma melhor visão espacial da Química Orgânica. Tal habilidade é essencial para o estudo de vários conteúdos da Química na representação de estruturas orgânicas, como é o caso do estudo da Isomeria Espacial Geométrica e Óptica, na

Física, no estudo de vetores, na Matemática, no estudo da geometria espacial (poliedros), entre outros.

O uso dos modelos pelo aluno cego permitiu que pudesse "ver com as pontas dos dedos" um conteúdo da Química que é extremamente visual, com representações que ele não era capaz de enxergar pela leitura do quadro. Não só ele pode se beneficiar da prática, mas toda a turma, que demonstrou maior interesse nas bolinhas coloridas, iluminadas com tintas fluorescentes, brilhosas ou com purpurina.

O acesso de alunos com NEE é um processo que vem crescendo e perpassa por diversas questões. No passado, muitos desses alunos não chegavam no Ensino Médio por variadas razões. Atualmente, os alunos com NEE vêm garantindo que sua voz seja ouvida e ganham cada vez mais força, de modo que as escolas e os docentes deverão recebê-los e trabalhar com e para eles. É claro que se trata de um processo de formação e até mesmo uma reformatação do modo de pensar de professores que não tiveram em seus cursos de licenciatura base e fundamentação teórica para trabalhar com esse público.

A formação de professores que atua nesse segmento foi e sempre será uma questão a ser debatida no ensino, sobretudo no ensino das ciências da natureza, em que a Química se encaixa. Isso evidencia a importância da formação continuada dos docentes em Química, com o intuito de desenvolver um novo olhar com sensibilidade para o público-alvo da educação especial e inclusiva.

REFERÊNCIAS

AINSCOW, M. **Desarrolo de escuelas inclusivas:** ideas, propuestas y experiencias para mejorar las instituciones escolares. Madrid: Narcea, 2001.

ARROYO, M. G. Função social do ensino de ciências. **Em aberto,** Brasília, v. 40, p. 1-11, out/dez 1988.

BERSCH, R. C. R; PELOSI, M. B. **Tecnologia assistiva:** recursos de acessibilidade ao computador II. Portal de ajudas técnicas para educação: equipamento e material pedagógico para educação, capacitação e recreação da pessoa com deficiência física. Secretaria de Educação Especial. Brasília: ABPEE – MEC: SEESP, 2006.

BRASIL. Câmara dos Deputados. **Lei de Diretrizes e Bases da Educação Nacional**. Lei n. 9.394. Brasília, 1996.

BRASIL. Secretaria de Educação Fundamental. **Parâmetros curriculares nacionais** - terceiro e quarto ciclos: apresentação dos temas transversais. Secretaria de Educação Fundamental. Brasília: MEC/SEF, 1998. Disponível em: http://portal.mec.gov.br/seb/arquivos/pdf/ttransversais.pdf. Acesso em: 06 nov. 2019.

BRASIL. Secretaria Especial dos Direitos Humanos. **Coordenadoria Nacional para Integração da Pessoa Portadora de Deficiência.** CORDE, 2007. Disponível em: www.portal.mj.gov.br/corde. Acesso em: jun/2019.

BRAUN, P.; MARIN, M. O desafio da diversidade na sala de aula: práticas de acomodação/adaptação, uso de baixa tecnologia. *In*: NUNES, L. R. *et al.* **Comunicar é preciso:** em busca das melhores práticas na educação do aluno com deficiência. 1.ed. Marília: ABPEE, p. 93-105, 2011.

CACHAPUZ, A.; PRAIA, J.; JORGE, M. Da educação em ciências às orientações para o ensino das ciências: um repensar epistemológico. **Ciência & Educação,** v. 10, n. 3, p. 363-381, 2004.

CHASSOT, A. **Alfabetização científica:** questões e desafios para a educação. Ijuí: Unijuí, 2006.

DELIZOICOV, D.; ANGOTTI, J. A. P.; PERNAMBUCO, M. M. **Ensino de ciências:** fundamentos e métodos. São Paulo: Cortez, 2011.

FERREIRA, W. B. Educação inclusiva: será que sou a favor ou contra uma escola de qualidade para todos? **Inclusão - Revista da Educação Especial,** Brasília, MEC, p.40-46, out/2005. Disponível em: http://portal.mec.gov.br/seesp/arquivos/pdf/revistainclusao1.pdf. Acesso em: 25 jun. 2019.

FREIRE, P. **Pedagogia da autonomia:** Saberes necessários à prática educativa. São Paulo: Paz e Terra, 1996.

HOFFMAN, M. **Empathy and moral development:** implications for carring and justice. New York: Cambridge University press, v. 1, 2000.

JUNIOR, N. E. C. Ferenczi e a Experiência da Einfühlung. **Ágora,** Rio de Janeiro, v. 7, n. 1, p. 73-85, jul-jan 2004.

JUSTINA, L. A. D.; FERLA, M. R. A utilização de modelos didáticos no ensino de Genética – exemplo de representação de compactação do DNA eucarioto. **Arq. Mudi., v.** 10, n. 2, p. 35-40, 2006.

LIMA, G. O. J. Perspectivas de novas metodologias no ensino de química. **Revista Espaço Acadêmico,** n. 136, 95-101, Setembro, 2012. (ANO XII - ISSN 1519-6186).

MÓL, G. S.; SANTOS, W. L. P. **Química na sociedade.** Módulo 1 e 2. Brasília: Universidade de Brasília, v. 1, 1999.

MÓL, G. S. **O ensino de ciências na escola inclusiva.** Campos dos Goytacazes: Brasil Multicultural, p. 14, 2019.

MORTIMER, E. F.; SANTOS, W. L. P. **A dimensão social do ensino de química – um estudo exploratório da vida do professor.** II Encontro Nacional de Pesquisa em Educação em Ciências. Valinhos – SP: [s.n.]. p. 1-9, 2000.

ORRÚ, S. E. *O.* **re-inventar da inclusão.** Petrópolis: Vozes, 2017.

PEROVANO. L. P.; MELO, D. C. F. **Práticas inclusivas:** saberes, estratégias e recursos didáticos. Campos dos Goytacazes: Brasil Multicultural, 2019.

PIVA, S. F. A. O preconceito na Inclusão dos alunos com deficiência na escola pública do Distrito Federal. **Trabalho de Conclusão de Curso.** Especialização em Desenvolvimento Humano, Educação e Inclusão Escolar. Universidade de Brasília / Universidade Aberta do Brasil. Brasília, 2015.

RIGUE, F. M. Uma genealogia do Ensino de Química no Brasil. **Dissertação** (Mestrado em Educação) - Universidade Federal de Santa Maria, 2017.

SALLA, H.; CAIXETA, J. C.; SILVA, R. **Química no dia a dia: mediação do conhecimento a partir de blog e outras tecnologias da informação e comunicação.** 6º SIMEDUC. Aracaju: [s.n.]. p. 89-94, 2015.

SILVA, S. C. Inovações educacionais de uma escola pública inclusiva do Distrito Federal. **Trabalho de Conclusão de Curso.** Especialização em Desenvolvimento Humano, Educação e Inclusão Escolar. Universidade de Brasília / Universidade Aberta do Brasil. Brasília, 2015.

VINHA, T. P. Os conflitos interpessoais na relação educativa. 2003. 430f. **Tese** (Doutorado) – Faculdade de Educação, Universidade Estadual de Campinas, Campinas, 2003.

VYGOTSKY, L. S. **Obras escogidas** – Tomo V: Fundamentos de defectologia. Madrid: Visor, 1997.

5

FORMAÇÃO DE PROFESSORES E RESIDÊNCIA PEDAGÓGICA: CONCEPÇÕES DAS AÇÕES FORMATIVAS NA LICENCIATURA EM QUÍMICA

Gahelyka Aghta Pantano Souza

A formação de professores é, em pleno século XXI, uma temática que demanda discussões e pesquisas. Destaca-se que nos últimos anos o acelerado desenvolvimento científico e tecnológico vem promovendo mudanças constantes no mundo em que vivemos, são alterações significativas na transformação da sociedade, contudo, elas não têm sido assimiladas com a mesma velocidade pelas respectivas instituições formadoras. Dessa forma, é esperado que os professores desempenhem diferentes funções durante seu exercício profissional, porém, sem as mudanças necessárias nos cursos de formação inicial (Esteve, 2009).

Nota-se um descompasso entre o exercício profissional docente e a formação inicial dos professores, às exigências cotidianas do trabalho escolar evidenciam o pouco ou nenhum preparo que os professores nos primeiros anos de docência alegam sentir (Nunes; Oliveira, 2017; Gatti; Barreto, 2009; Leite *et. al.*, 2018). Em suas produções Gatti (2010; 2013; 2014; 2021) e Gatti; Barreto; André (2011), apontam para uma crise na formação docente. Trata-se de uma "insuficiência no tocante à parte curricular dedicada à formação específica de professores/as na preparação do licenciando para o desenvolvimento do trabalho na educação básica" (Lomba; Schuchter, 2023, p. 3).

García (1999), define a formação de professores como:

> Uma área de conhecimentos, investigação e de propostas teóricas e práticas que, no âmbito da Didática e da Organização Escolar, estuda os processos através dos quais o professor – em formação ou em exercício – se implicam individualmente ou em equipe, em

> experiências de aprendizagem e disposições, e que lhes permite intervir profissionalmente no desenvolvimento do seu ensino, do currículo e da escola, com o objetivo de melhorar a qualidade da educação que os alunos recebem (1999, p. 26).

Tal formação se configura em um processo não assimétrico nem pontual, mas contínuo, organizado e sistemático, que possibilitará aos professores em formação inicial e aos professores em formação continuada "um aperfeiçoamento ou enriquecimento da competência de se incidir nos elementos básicos do currículo formativo" (García, 1999, p. 27). Assim, nota-se que formar profissionais para o exercício da docência é uma tarefa complexa que exige a reflexão contínua sobre os processos formativos.

Nesse contexto, destaca-se a necessidade de que os professores em formação inicial desenvolvam habilidades e competências, inclusive sociais, a fim de que eles se sintam capazes de exercer a profissão de professor diante da diversidade que é a sala de aula. Portanto, cabe aos cursos de Licenciatura a implementação de estratégias, ações e até mesmo programas de iniciação à docência para estudantes ainda na formação inicial, que possibilitem o desenvolvimento de práticas formativas que incentivem o futuro professor ao exercício profissional. Para tanto, evidencia-se a importância da escola como espaço de atuação formativo e profissional.

Diferentes políticas nacionais de iniciação à docência estão sendo implementadas. Desde 2008 destaca-se o Programa de Bolsas de Iniciação à Docência (PIBID) e, recentemente, em 2018, o Programa de Residência Pedagógica (PRP), descontinuado pela Coordenação de Aperfeiçoamento de Pessoal de Nível Superior (CAPES) no ano de 2024. A experiência didático-pedagógica vivenciada por licenciandos participantes de um programa de formação de professores possibilita a construção de saberes ao longo de sua trajetória formativa, que são construídos não apenas na formação inicial, mas também nas relações e nos acontecimentos vivenciados no exercício prático da profissão.

É também parte fundamental, necessária e importante para uma melhor formação de professores, pois contribui com a construção da identidade docente ao mesmo tempo em que insere o licenciando por um período prolongado no contexto profissional próprio do professor, a escola, viabilizando a criação e aplicação de recursos didáticos e de metodologias de ensino. Promovendo, ainda, o desenvolvimento profissional dos professores da educação básica que atuam como coformadores dos futuros professores.

Nesse processo, o licenciando vai se tornando professor por meio das experiências bem ou malsucedidas, ao mesmo tempo em que constrói conhecimentos que lhe darão subsídios para o desenvolvimento de sua prática pedagógica. O processo formativo é complexo, pois envolve diferentes dimensões (política, social, afetiva, ética e outros), as quais buscam estabelecer uma relação entre a prática pedagógica, os saberes e os conhecimentos dela produzidos e a formação do professor. Nessa perspectiva, este texto busca relacionar ações formativas desenvolvidas no âmbito do Programa de Residência Pedagógica em Química, destacando aspectos relevantes para a formação docente do licenciando em Química.

ALGUNS ASPECTOS DA FORMAÇÃO DE PROFESSORES NA LICENCIATURA EM QUÍMICA

Souza (2021, p. 22), em sua pesquisa, ressalta que "a escolha pela docência implica a escolha de um curso de licenciatura, contudo a escolha pelo curso de licenciatura nem sempre reflete a escolha pela docência". O que se percebe é o pouco ou nenhum interesse dos estudantes de cursos de licenciatura no exercício da profissão. Pesquisas na área de educação têm apontado para a baixa atratividade da profissão docente (Gatti; Barreto, 2009; Gatti, 2010; Nunes; Oliveira, 2017) e, consequentemente, para a baixa procura pelos cursos de licenciatura. Nesse sentido, o Governo Federal tem fomentado programas de formação inicial e continuada que possam incentivar a permanência dos estudantes de graduação no exercício da profissão depois de formados.

Em cursos cujo a formação possui mais de uma habilitação, como, por exemplo, os cursos de Química, quase sempre os estudantes de Licenciatura próximos da metade do curso ainda não se reconhecem como professores de química, frequentemente eles se veem em outras profissões de competência dos químicos ou até mesmo de áreas afins, mas não na licenciatura. Leal (2010, p. 13) define a Química "como a ciência que estuda a composição e as propriedades dos materiais". Mortimer, Machado e Romaneli (2000) estabelecem os focos de interesse (Figura 1).

Figura 1. Focos de Interesse da Química.

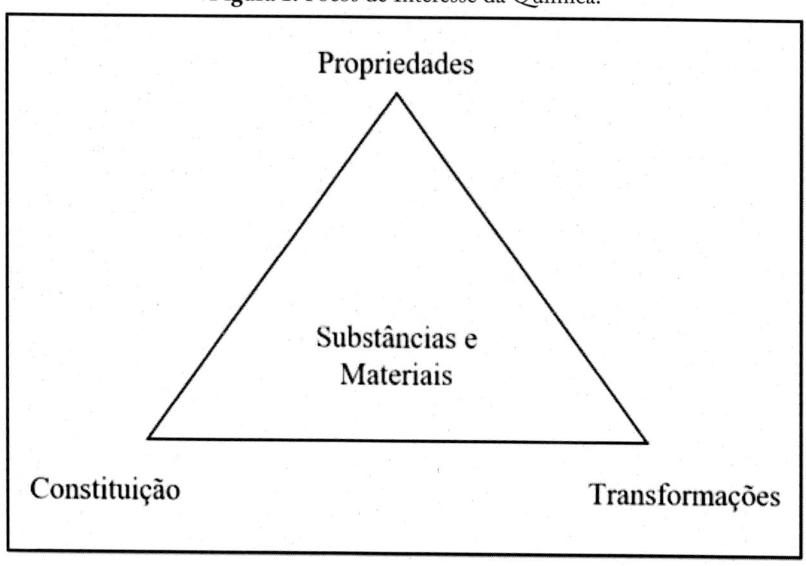

Fonte: Mortimer, Machado e Romanelli (2000, p. 276).

Para os autores, os focos de interesse da química "tanto na tessitura da prática científica quanto na do seu ensino devem ser abordados de forma sempre inter-relacionada" (Leal, 2010, p. 13). Segundo Zucco (2011, p. 733), a Química é uma Ciência de importante aplicação cotidiana, pois "sem a atividade dos químicos de todas as épocas, algumas conquistas espetaculares jamais teriam acontecido, como os avanços no tratamento de doenças, a exploração espacial e as maravilhas atuais da tecnologia".

No que se refere à importância da Química, destaca-se que:

> A Química presta uma contribuição essencial à humanidade com alimentos e medicamentos, com roupas e moradia, com energia e matérias-primas, com transportes e comunicações. Fornece, ainda, materiais para a Física e para a indústria, modelos e substratos à Biologia e a Farmacologia, propriedades e procedimentos para outras ciências e tecnologias (Zucco, 2011, p. 733).

Zucco (2011), ressalta ainda que:

> Um mundo sem a ciência Química seria um mundo sem materiais sintéticos, e isso significa sem telefones, sem computadores e sem cinema. Seria também um mundo sem aspirina ou detergentes, shampoo ou pasta de dente, sem cosméticos, contraceptivos, ou papel – e, assim, sem jornais ou livros, colas ou tintas. Enfim, sem o desenvolvimento proporcionado pela ciência Química, a vida, hoje, seria chata, curta e dolorida! (Zucco, 2011, p. 733).

Com uma representação tão marcante, quem não quer ser químico? A sociedade atribui uma maior importância ao trabalho desenvolvido pelo profissional de química em detrimento ao trabalho desenvolvido pelo profissional professor de química. De acordo com Leal (2010, p. 7), "é comum a prática e os saberes pedagógicos figurarem como aspectos de segunda categoria", isso deve-se à representação social construída por familiares e pela mídia, de que a profissão de professor é desfavorecida em relação às demais profissões. Situação essa que fica evidente após os licenciandos cursarem a primeira componente de Estágio Supervisionado Obrigatório e perceberem uma pequena parte do que envolve o cotidiano do professor e a rotina do trabalho docente na escola.

Segundo Allain (2015, p. 67), "[...] tornar-se professor é resultado da interação entre muitos fatores e condições, que incluem a trajetória escolar e familiar, a história pessoal, características individuais, além de imagens, crenças e valores sociais sobre a docência", atribuindo à escola e aos programas de formação de professores o espaço apropriado para a construção de concepções acerca do trabalho docente. Nesse sentido, a escola se configura como um espaço de formação docente contínuo, abarcando diferentes momentos dessa formação.

Os cursos de Licenciatura em Química destacam-se pelo desafio de possibilitar ações que favoreçam e contribuam com a formação docente de seus estudantes ao mesmo tempo em que buscam superar resquícios de modelos curriculares tradicionais. Buscam por romper com a percepção dos alunos de se "[...] *ver o professor como aluno* ao seu *ver-se como professor*" (Pimenta, 2012, p. 21, grifos da autora). Entretanto, essa formação demanda saberes e conhecimentos peculiares da profissão docente, uma vez que "[...] o tornar-se professor é uma atividade de aprendizagem e, para isso, são requeridas capacidades e habilidades específicas" (Libâneo, 2012, p. 88).

Para tanto, as ações a serem desempenhadas pelos cursos de licenciatura envolvem saberes que os licenciandos já possuem "[...] sobre o que é ser professor. Os saberes de sua experiência de aluno que foram de diferentes professores em toda a sua vida escolar" (Pimenta, 2012, p. 21). Tardif (2014, p. 79) acredita que a docência exige "[...] uma socialização na profissão e uma vivência profissional através das quais a identidade profissional vai sendo pouco a pouco construída e experimentada".

Nesse contexto, ações formativas que promovam um maior envolvimento entre a escola e a universidade têm ganhado destaque no âmbito dos Programas de Formação Docente, que desde 2008 fazem parte do processo formativo de estudantes dos diversos cursos de Licenciatura. São programas que promovem a valorização da profissão do professor ao mesmo tempo em que incentivam a melhoria da prática formativa de licenciandos e professores da educação básica (Faria; Diniz-Pereira, 2019).

Destaca-se o Programa de Residência Pedagógica, que dentre seus objetivos busca a "Aperfeiçoar a formação dos discentes de cursos de licenciatura, por meio do desenvolvimento de projetos que fortaleçam o campo da prática e conduzam o licenciando a exercitar de forma ativa a relação entre teoria e prática profissional docente [...]." (Brasil-Capes, 2018, p. 1). Para tanto, as ações do Programa são baseadas no tripé formado pelo docente orientador, pelo docente preceptor e pelo residente, os quais pensam e estruturam as atividades didáticas a serem realizadas na escola e na universidade.

No intuito de superar a histórica distância entre a universidade e o campo de atuação profissional do professor, a escola, os programas de formação como a Residência Pedagógica possibilitam a inserção direta e continuada do estudante da licenciatura nas escolas de maneira significativa, já que o exercício da docência é bem mais que o domínio dos conteúdos relativos a cada área do conhecimento, e a vivência na escola contribui na preparação do licenciando. A universidade, por sua vez, assume o papel de preparar o acadêmico para o melhor desempenho da sua função no mercado de trabalho. Para Imbernón (2012, p. 19), esse papel "[...] vai além do ensino que pretende uma mera atualização científica, pedagógica e dialética e se transforma na possibilidade de criar espaços de participação, reflexão e formação".

AÇÕES FORMATIVAS NO ÂMBITO DO PROGRAMA DE RESIDÊNCIA PEDAGÓGICA EM QUÍMICA

O Programa de Residência Pedagógica proporciona à formação inicial de professores possibilidades de vivência e aproximação com o espaço escolar em momentos diferentes, uma vez que insere o residente no contexto escolar como professor, por tempo contínuo e com atividades próprias do trabalho docente. Ampliando as possibilidades de aplicação na escola, das concepções teórico-metodológicas a respeito dos processos de ensino aprendizagem aprendidos nas salas de aula da universidade.

Com organização semelhante à do Estágio Supervisionado Obrigatório, o PRP prevê até 440 horas de observação, planejamento, orientação e realização de atividades docentes na escola, sob o acompanhamento permanente do professor preceptor, o qual participa diretamente da coformação dos residentes. Em paralelo, as atividades do Programa proporcionam a formação continuada dos professores da Educação Básica que atuam como coformadores dos estudantes envolvidos no projeto. Concomitante, as ações realizadas desenvolvem-se em um ciclo contínuo que alcança a formação complementar dos docentes coordenadores.

Dentre as produções divulgadas, as quais investigam e discutem sobre as ações realizadas no âmbito do Programa de Residência Pedagógica, destaca-se o exercício profissional docente por meio das atividades de regência; os encontros formativos e os aspectos socioemocionais.

As atividades de regência tornaram-se um momento que possibilitou aos residentes a realização de uma prática autônoma e reflexiva, contribuindo com o desenvolvimento de habilidades e competências que estimulam a elaboração e aplicação de recursos didáticos e metodológicos diversos. Para Vasconcelos e Silva (2020, p. 231), a atuação dos residentes em sala de aula "possibilitou a familiarização da realidade escolar e, consequentemente, vivenciar os hábitos rotineiros deste espaço".

Coelho e Anjos (2023) destacam que as atividades de regência oportunizaram também o desenvolvimento de aspectos fundamentais da profissão docente, como postura e posicionamento diante dos alunos, autoconfiança e domínio dos conteúdos e seus conceitos, e respeito e controle da sala de aula, "tais aspectos são fundamentais à prática pedagógica e apenas podem ser manifestados a partir da vivência dos desafios e das conquistas da profissão docente" (Coelho; Anjos, 2023, p. 10).

Nesse sentido, Freitas, Freitas e Almeida (2020, p. 8), ressaltam que as experiências do Programa de Residência Pedagógica "[...] constitui para todos os envolvidos uma vivência significativa, incorporação de conhecimentos, valores e sentimentos". Percebe-se que sob a orientação e o acompanhamento do professor preceptor, a experiência profissional em plena formação inicial, vivenciada na Residência Pedagógica, por meio das atividades planejadas, "mostra-se essencial para fortalecer o comprometimento com o processo de ensino aprendizagem, desenvolver atividades diferenciadas e trabalhar a autonomia e a responsabilidade em sala de aula" (Coelho; Anjos, 2023, p. 10).

No que tange aos encontros formativos entre os docentes orientadores, os residentes e os professores preceptores, as atividades viabilizam a reflexão das práticas desenvolvidas na escola, revisitando os planejamentos e as estratégias traçadas para as atividades de sala de aula, as discussões apontam para a formulação de uma identidade docente que começa a se consolidar, não pautada no domínio do conteúdo, mas destacando o desenvolvimento de aspectos que incentivam o ensino e a formação pela pesquisa.

Paralelamente às ações mencionadas, estabeleceu-se a estruturação de relações de respeito e convivência principalmente entre os professores preceptores e os residentes. Os preceptores "reconhecem a importância da relação com os residentes para o seu desenvolvimento profissional" (Silva; Leite, 2022, p. 202), como coformadores, os preceptores compreenderam suas ações como momentos de aprendizagens construídos em uma via de mão dupla, durante os planejamentos coletivos, no desenvolvimentos de atividades diversificadas para a sala de aula e nas discussões de avaliação do trabalho realizado.

A presença por um período prolongado dos residentes na escola oportuniza a construção de conhecimentos sobre a realidade escolar que não são amplamente vivenciados em outros momentos da formação inicial, como, por exemplo, no Estágio Supervisionado Obrigatório, favorecendo uma formação ampliada em relação aos licenciandos não participantes do Programa. Ao mesmo tempo, a escola se fortalece como espaço de formação científica e profissional, que contempla diferentes grupos e no âmbito de uma via de mão dupla fortalece a formação inicial e continuada de professores de Química.

ALGUMAS CONSIDERAÇÕES

O incentivo e a continuidade de programas de formação inicial e continuada de professores favorecem o desenvolvimento e o compartilhamento de ações e práticas formativas em diferentes áreas do conhecimento e regiões brasileiras. Suas ações fortalecem, aperfeiçoam e aproximam relações entre a universidade e a escola, ao mesmo tempo em que possibilitam a vivência em lócus do exercício profissional docente, em diferentes tempos formativos.

Nesse sentido, o Programa de Residência Pedagógica demonstra-se como um espaço formativo pertinente de ser continuado nos cursos de Licenciatura, especialmente nos cursos de Licenciatura em Química, uma vez que o subprojeto contempla ações de formação teórica e prática concomitantemente, tais momentos vão além do currículo do curso e são experienciados durante os encontros formativos com os residentes, preceptores e práticas de regência na sala de aula.

A antecipação de vivências próprias da sala de aula oferece aos residentes experienciar situações próprias do contexto escolar. Devido a sua diversidade, a escola se configura como um espaço dinâmico cujo aspectos estruturais são próprios da profissão de professor. A possibilidade de relacionar conhecimentos teóricos e práticos sob a supervisão de um professor com mais experiência possibilita a reflexão e a (re)construção prolongada sobre e de concepções acerca do trabalho e da identidade docente.

O residente desenvolve atividades pautadas não apenas em situações de senso comum da prática pedagógica, já que elas passam a ser fundamentadas na pesquisa escolar, mas ele fundamenta suas ações em conceitos científicos que são paulatinamente desenvolvidos mediante aplicação de competências e habilidades relativas ao trabalho pedagógico e as demandas da realidade escolar. A construção de uma visão estruturada a respeito do domínio, da abordagem dos conteúdos e da interação professor-aluno mediam o processo de construção de conhecimento e dá lugar a uma prática reflexiva e consciente.

REFERÊNCIAS

ALLAIN, L. R. **Mapeando a identidade profissional de licenciandos em ciências biológicas: um estudo ator-rede a partir do programa institucional de bolsas de**

iniciação à docência. Tese (Doutorado em Educação) - Universidade Federal de Minas Gerais. Belo Horizonte, p. 217, 2015.

BRASIL. COORDENAÇÃO DE APERFEIÇOAMENTO DE PESSOAL DE NÍVEL SUPERIOR. **Edital 06/2018**. Programa de Residência Pedagógica. 2018.

COELHO, L. R.; ANJOS, D. S. C. Implicações da Residência Pedagógica em Química na Formação de Professores Pesquisadores. **REAMEC - Rede Amazônica de Educação em Ciências e Matemática**, Cuiabá, Brasil, v. 11, n. 1, p. e23022, 2023. DOI: 10.26571/reamec.v11i1.14275. Disponível em: https://periodicoscientificos.ufmt.br/ojs/index.php/reamec/article/view/14275. Acesso em: 21 jun. 2024.

ESTEVE, J. M. Escenarios del presente e interrogantes para la construcción del futuro. *In*: MEDRANO, C. V.; VAILLANT, D. **Aprendizaje y desarrollo profesional docente**. Madrid: Santillana, p. 17-27. 2009.

FARIA, J. B.; DINIZ-PEREIRA, J. E. Residência pedagógica: afinal, o que é isso? **Revista Educação Pública,** *[S. l.]*, v. 28, n. 68, p. 333–356, 2019. DOI: 10.29286/rep.v28i68.8393. Disponível em: https://periodicoscientificos.ufmt.br/ojs/index.php/educacaopublica/article/view/8393. Acesso em: 21 jun. 2024.

FREITAS, M. C.; FREITAS, B. M.; ALMEIDA, D. M. Residência pedagógica e sua contribuição na formação docente. **Ensino em Perspectivas**, Fortaleza, 1(2), 1–12, 2020. Disponível em: https://revistas.uece.br/index.php/ensinoemperspectivas/article/view/4540/5196. Acesso em: 30 abr. 2024.

GARCÍA, C. M. **Formação de professores:** para uma mudança educativa. Portugal: Porto Editora, 1999.

GATTI, B. A. Formação de professores no Brasil: características e problemas. **Educ. Soc., Campinas**, v. 31, n. 113, p. 1355-1379, out./dez. 2010. Disponível em: . Acesso em: 2 dez. 2021.

GATTI, B. A. Possível reconfiguração dos modelos educacionais pós-pandemia. **Estudos Avançados**, São Paulo, Brasil, v. 34, n. 100, p. 29–42, 2020. DOI: 10.1590/s0103-4014.2020.34100.003. Disponível em: https://www.revistas.usp.br/eav/article/view/178749. Acesso em: 12 jun. 2024.

GATTI, B. A.; BARRETTO, E. S. S.; ANDRÉ, M. E. D. A.; ALMEIDA, P. C. A. **Professores do Brasil:** novos cenários de formação. Brasília: UNESCO, 2019. Disponível em: https://www.fcc.org.br/fcc/wp-content/uploads/2019/05/Livro_ProfessoresDoBrasil.pdf. Acesso em: 15 maio 2024.

IMBERNÓN, F. **Formação continuada de professores.** Lisboa: Porto Alegre: Artmed, 2012.

LIBÂNEO, J. C. Reflexividade e Formação de Professores: Outra Oscilação do Pensamento Pedagógico Brasileiro? *In*: PIMENTA, S. G.; GHEDIN, E. (Orgs.). **Professor reflexivo no Brasil:** Gênese e crítica de um conceito. 7. Ed. São Paulo: Cortez, 2012.

LEAL, M. C. **Didática da química**: fundamentos e práticas para o ensino médio. Belo Horizonte: Dimensão, 2010.

LEITE, E. A. P.; RIBEIRO, E. S.; LEITE, K. G. ULIANA, M. R. Alguns Desafios e Demandas da Formação Inicial de Professores na Contemporaneidade. **Educação & Sociedade**, Campinas, v. 39, n. 144, p. 721-737, jul./set. 2018. DOI: https://doi.org/10.1590/ES0101-73302018183273. Disponível em: https://www.scielo.br/j/es/a/yyCJRCdt8bMZXShfrdQRNBM/?format=pdf&lang=pt. Acesso em: 21 jun. 2024.

LOMBA, M. L. R.; SCHUCHTER, L. H. Profissão Docente e Formação de Professores/as para a Educação Básica: Reflexões e Referenciais Teóricos. **Educação em Revista**, Belo Horizonte-MG, v. 39, e-41068, 2023, p. 1-17. Disponível em: DOI: http://dx.doi.org/10.1590/0102-469841068. Disponível em: https://www.scielo.br/j/edur/a/KbTZcBtWfmrfbP7GvFHkFjq/?format=pdf&lang=pt. Acesso em 15 mai. 2024.

MORTIMER, E. F.; MACHADO, A. H.; ROMANELLI, L. I. A proposta curricular de química do estado de Minas Gerais: fundamentos e pressupostos. **Química Nova**. São Paulo, v. 23, n.2, p.273-283, 2000. Disponível em: https://www.scielo.br/j/qn/a/QZSvNkKHJHG3Wk6XsSd7Phb/?format=pdf&lang=pt. Acesso em: 30 abr. 2024.

NUNES, C. P.; OLIVEIRA, D. A. Trabalho, Carreira, Desenvolvimento Docente e Mudança na Prática Educativa. **Educação e Pesquisa**. São Paulo, v. 43, n. 1, p. 65-80, jan/mar. 2017. DOI: https://doi.org/10.1590/S1517-9702201604145487. Disponível em: https://www.scielo.br/j/ep/a/kR6TNNYxWqH63t6SF8tGqZq/?format=pdf&lang=pt. Acesso em: 07 mai. 2024.

PIMENTA, S. G. Formação de professores: identidade e saberes da docência. *In*: PIMENTA, S. G. (Org.). **Saberes pedagógicos e atividade docente.** 8. Ed. São Paulo: Cortez, 2012.

SOUZA, G. A. P. **Representações sociais sobre ser professor e o processo de (re) construção da identidade docente: um estudo no curso de licenciatura em química da UFAC – Rio Branco**. Tese (Doutorado em Educação). Universidade Federal do Paraná, Programa de Pós-Graduação em Educação. 2021.

SILVA, C. M.; LEITE, B. S. Residência Pedagógica em Química: compreensões e perspectivas para a formação de professores. **Química Nova na Escola**, São Paulo-SP, BR vol. 45, n° 3, p. 195-204, AGOSTO 2023. DOI: http://dx.doi.org/10.21577/0104-8899.20160339. Disponível em: http://qnesc.sbq.org.br/online/qnesc45_3/06-RSA-29-22.pdf. Acesso em: 12 jun. 2024.

TARDIF, M. **Saberes docentes e formação profissional.** 17 ed. Petrópolis: Vozes, 2014.

VASCONCELOS, F. C. G. C.; SILVA, J. R. R. T.; A vivência na residência pedagógica em química: aspectos formativos e reflexões para o desenvolvimento da prática docente. Formação Docente – **Revista Brasileira de Pesquisa sobre Formação de Professores**. [S. l.], v. 12, n. 25, p. 219–234, 2020. DOI: 10.31639/rbpfp.v13i25.426. Disponível em: https://www.revformacaodocente.com.br/index.php/rbpfp/article/view/426. Acesso em: 15 jun. 2024.

ZUCCO, C. Química Para um Mundo Melhor. **Revista Química Nova**. Editorial, vol., 34, n. 5, p.733. 2011. Disponível em: https://www.scielo.br/j/qn/a/5RhfpdSdN4TM6FRtsRZ7vRn/?format=pdf&lang=pt. Acesso em 15 jun. 2024.

6

ENTRE O VARAL DE PEIXES, A ACADEMIA E A SALA DE AULA

Filipe Antunes da Silva

INTRODUÇÃO

> "Nas areias da praia uma cena frequente era muito incomum para os dias de hoje. Depois de salgados, os peixes eram pendurados num varal para serem secos ao Sol. Os tempos eram diferentes, deixar um varal com peixes hoje na praia, além de atrair curiosos, corre-se o risco de os peixes serem furtados. Mas me parece que o único problema com que os pescadores precisavam se preocupar na época era com as moscas *"[...] tinha varal ali na praia que deixava pra secar o peixe. Antigamente não tinha bicho, a mosca azul que bota um ovo, antigamente não tinha essa mosca, apareceu aí isso aí, isso aí era uma praga, mesmo no salgado ela vinha, tinha que ficar cuidando (Sr. Carlos)"* (Silva, 2020a p. 25)."

Hoje, *in memoriam*, o senhor Carlos era um pescador artesanal aposentado. Aos 91 anos, no momento desta entrevista, ainda muito lúcido e com uma excelente memória, era um dos moradores mais antigos da comunidade onde vivia. Atualmente, uma das praias mais populosas e movimentadas da região, o Sr. Carlos foi um dos primeiros moradores a se estabelecer no local por volta da década de 1930. Ele aprendeu o ofício da pesca ainda criança, junto com seus amigos. Frequentemente, era entrevistado por pesquisadores interessados em registrar seus saberes sobre pescados e memórias sobre a região. Seu testemunho não é somente um valioso registro da evolução socioeconômica e cultural da região, mas também evidencia a importância que a preservação de suas histórias e saberes como um pescador artesanal pode ser fundamental para entender diversos acontecimentos, como o desaparecimento de certos pescados, bem como prever futuros desafios, especialmente em relação à sustentabilidade e à conservação do meio ambiente.

A valorização dos saberes de comunidades tradicionais tem sido alvo de diversas pesquisas no âmbito acadêmico. Tais pesquisas apontam que esses saberes, os quais são acumulados ao longo de gerações e transmitidos através da oralidade e da prática cotidiana, representam uma rica fonte de conhecimento e cultura. No entanto, observa-se que, com o avanço tecnológico e as constantes mudanças nas relações de trabalho, muitas dessas comunidades têm visto seus saberes serem perdidos e consequentemente esquecidos com o passar do tempo.

Esse fenômeno ainda é agravado pela ausência de políticas públicas eficazes para a preservação e valorização desses saberes, bem como pela marginalização dessas culturas no contexto da globalização. Diante disso, este texto busca trazer uma reflexão de como a escola pode ser uma aliada no resgate, na valorização e na consequente preservação desses saberes que correm o risco de extinção, assim como possibilidades de implementação e desafios presentes neste processo.

O título deste trabalho, "Entre o varal de peixes, a academia e a escola" remete literalmente à intenção deste texto em explorar a relação entre os saberes populares e o conhecimento científico, produzido pela academia, esse que é ensinado na escola. O termo "entre o varal de peixes" é uma alusão ao saber popular que o Sr. Carlos relata em sua entrevista. Numa época em que não existia geladeira, a conservação dos peixes se dava através de um processo que consistia na salga e, posteriormente, na secagem dos peixes em varais expostos ao Sol.

O SABER (POPULAR), O CONHECIMENTO (CIENTÍFICO) E A ESCOLA

Os termos "saber" e "conhecimento" são geralmente tratados como semelhantes. No entanto, alguns autores defendem uma distinção entre eles.

Veiga-Neto e Nogueira (2010), por exemplo, ao partir da etimologia da palavra concluem que o conhecimento (lat. cognōsco, ĕre) está relacionado à ordem do objeto, da objetividade, da pontualidade, algo que pode ser fragmentado e determinado, enquanto o termo saber (lat. sapĭo, ĕre) está relacionado à ordem do sujeito, é mais amplo, integrador e indeterminado.

Essa amplitude maior ao termo saber, também é defendida por Lopes (1999), quando afirma que o conhecimento engloba apenas os saberes que podem ser validados pela epistemologia, ou seja, aqueles que são sistematizados e submetidos ao rigor científico, como é o caso do conhecimento científico. Por outro lado, o termo saber é mais amplo e abrange todos os outros tipos de saberes, inclusive aqueles que não atendem aos critérios da cientificidade ou aos critérios avaliativos epistemológicos, como, por exemplo, os saberes cotidianos, populares, leigos e empíricos.

Lopes (1999),ao discutir a interação entre o conhecimento científico e o conhecimento cotidiano no ambiente escolar, apresenta definições e diferenciações importantes entre eles. O conhecimento científico é caracterizado pela sistematicidade, objetividade e universalidade, sendo produzido por métodos rigorosos e validado pela comunidade científica. Em contraste, o conhecimento cotidiano surge das experiências diárias das pessoas, é prático, contextualizado e muitas vezes tácito. Apesar de não possuir a mesma rigorosidade metodológica do conhecimento científico, ele é essencial para a vida prática e a resolução de problemas imediatos.

O conhecimento cotidiano inclui também os chamados saberes populares (Chassot, 1995), saberes locais (Cunha, 1999), ou ainda conhecimentos tradicionais (Diegues, 2000), os quais são originados da construção de significados pelas comunidades tradicionais e são pertencentes a ela. Lopes (1999, p. 150) aponta que o saber popular é o "[...] saber produzido a partir das práticas sociais de grupos específicos [...] e que pode ser considerado um saber cotidiano do ponto de vista desses pequenos grupos, mas não da sociedade como um todo, como ocorre com o senso comum." Portanto, diferentemente do senso comum, os saberes populares são específicos a determinadas comunidades e não podem ser generalizados a toda a sociedade. Eles refletem a cultura, as práticas e os conhecimentos acumulados dessas comunidades, destacando-se pela sua singularidade e relevância local.

Trazendo a discussão para o ambiente escolar, o conhecimento científico desempenha um papel de suma importância no desenvolvimento da sociedade, sendo especialmente necessário para formar cidadãos críticos, capazes de questionar os impactos dos avanços científicos na vida cotidiana. No entanto, é essencial discutir o método científico na escola, pois geralmente a ciência é apresentada como única e inquestionável. Lopes (1999) critica essa valorização excessiva da ciência em detrimento de outros tipos de saber, destacando que ela não resolve todos os problemas da sociedade nem fornece todas as respostas.

Os saberes populares, muitas vezes marginalizados no contexto escolar, principalmente em escolas de comunidades tradicionais, onde deveriam ser valorizados (Pereira, 2014), não apenas enriquecem a diversidade cultural e intelectual quando trabalhado na escola, mas também podem ser uma ferramenta pedagógica essencial para o processo de ensino e aprendizagem. Acumulado e transmitido através das gerações com base na experiência prática e no entendimento empírico do mundo, a valorização destes saberes no ambiente educacional, além de resgatar saberes que correm o risco de extinção, também possibilita uma aprendizagem contextualizada e mais próxima aos alunos.

Ao realizar uma busca na literatura, é possível encontrar diversos estudos que investigam as relações entre os conhecimentos científicos e os saberes populares de comunidades tradicionais. Esses estudos exploram saberes populares acerca de plantas medicinais (Mera *et al.*, 2018), produção artesanal de sabão (Pinheiro e Giordan, 2010), produção artesanal de vinho (Venquiaruto *et al.*, 2014), pesca artesanal (Riva *et al.*, 2014), produção agrícola (Crepalde *et al.*, 2019), produção artesanal de pão (Silva *et al.*, 2015), dentre outros. Esses conhecimentos são específicos de comunidades tradicionais, como agricultores, pescadores, indígenas, produtores de vinho, produtores de sabão, comunidades locais, entre outros.

Portanto, os saberes populares, os saberes locais, assim como os saberes cotidianos que os alunos trazem para a sala de aula, necessariamente precisam ser integrados ao currículo escolar. Essa integração não deve ser feita de maneira isolada, mas em diálogo com o conhecimento científico, permitindo que os estudantes compreendam suas respectivas limitações e importâncias históricas, sociais e econômicas. Lembrando que este diálogo não serve para que o conhecimento científico desmistifique o saber popular em casos de diferenças ou certifique em caso de semelhanças, mas que haja um entendimento que ambos caminham juntos. Assim como afirma Chassot (1995) *apud* Chassot (2008, p. 10) que o conhecimento científico intervém "[...] não para ratificar o saber popular e, assim, validá-lo, nem para certificar o saber escolar e, assim, torná-lo acreditado, mas para que, usado nas mediações que se propõe, facilite a leitura do mundo natural."

POSSIBILIDADES, RECOMPENSAS E DESAFIOS

A integração dos saberes populares e o conhecimento científico no contexto escolar, apesar dos desafios, oferece diversas possibilidades, assim como recompensas muito satisfatórias para todos envolvidos nesse processo. Primeiro, porque essa integração pode promover uma educação mais inclusiva e contextualizada, que respeita e valoriza a diversidade cultural dos alunos, e segundo, ao reconhecer e incorporar os saberes populares no currículo escolar, os educadores podem criar um ambiente de aprendizagem mais satisfatório e engajador para os estudantes, facilitando a conexão entre o conhecimento escolar e a realidade vivida por eles.

Esse tipo de abordagem contribui para a preservação e valorização dos saberes populares, pois, ao garantir o registro e a documentação desses saberes, permite que esse patrimônio imaterial seja transmitido para as gerações futuras. Já a escola, ao atuar como mediadora desse processo, pode desempenhar um papel crucial na manutenção e revitalização das tradições culturais das comunidades. Sendo mais enfático, Chassot (2010) afirma que a valorização dos saberes populares da comunidade é tanto uma função pedagógica quanto uma função política da escola.

Chassot (2010) ainda propõe um conjunto de passos para resgatar e valorizar os saberes populares das comunidades tradicionais dentro do ambiente escolar. Após uma análise crítica dos diversos tipos de conhecimento, que pode ocorrer tanto na universidade quanto na escola com os alunos, o primeiro passo é selecionar um local para investigar esses saberes. Em seguida, é necessário verificar esses conhecimentos diretamente no local onde ocorrem, por meio de observações. Posteriormente, busca-se estabelecer conexões entre esses saberes populares e os conhecimentos científicos ensinados na escola, visando modelá-los por meio de atividades escolares. Na última etapa, que pode ser opcional dependendo da pesquisa, avalia-se na escola o impacto da modelagem dos saberes resgatados e a necessidade de desenvolver novos conteúdos. Na comunidade, a pesquisa deve investigar como os saberes locais podem contribuir para o benefício dos participantes da pesquisa.

Diante disso, as possibilidades e as formas de explorar os saberes populares no contexto escolar são diversas. Na área de Ensino de Ciências, por exemplo, alguns trabalhos focam na interação entre a universidade e a comunidade, em que os pesquisadores (aqui como representante da universidade) coletam saberes populares através de entrevistas e observações com integrantes da comunidade, para integrá-los ao contexto escolar em propostas didáticas. Um exemplo é o trabalho realizado por Silva (2020b), em que o autor buscou saberes populares através de entrevistas semiestruturadas com nove pescadores artesanais de quatro comunidades do Ecossistema Babitonga, localizado no litoral norte do estado de Santa Catarina.

Os resultados das entrevistas revelaram que os pescadores artesanais possuem uma vasta gama de saberes populares que podem ser relacionados aos conhecimentos científicos ensinados em sala de aula. Esses saberes abrangem temas como reprodução, migração e alimentação dos peixes, conservação dos pescados através de técnicas como salga e defumação, as fases lunares e suas relações com as marés, e as direções dos ventos e suas influências nas condições marítimas.

A partir dessas entrevistas, o autor separou parte delas para elaborar um caderno didático-pedagógico (produto-educacional), voltado para professores de Ciências de comunidades pesqueiras. Nesse caderno, são exemplificadas possíveis relações entre os saberes populares dos pescadores artesanais e os conhecimentos científicos, além de duas propostas de ações de ensino, as quais tinham como objetivo de resgatar e valorizar esses saberes populares no ambiente escolar e, ao mesmo tempo, explorar conceitos científicos relacionados aos ecossistemas aquáticos, classificação do seres vivos, nomenclatura científica, reino animal, osmose, combustão e conservação de alimentos.

Há também estudos em que, além de o pesquisador interagir com a comunidade, ele também interage diretamente com a escola. Num primeiro momento, ele resgata esses saberes junto à comunidade para, posteriormente, relacioná-los ao conhecimento científico e em seguida aplicá-los no ambiente escolar, aplicação essa que pode ocorrer por meio de sequências didáticas, oficinas dentre outras para alunos e professores. Um exemplo é o trabalho realizado por Resende, Castro e Pinheiro (2010), os quais relatam uma experiência sobre o saber popular envolvendo a produção de vinho de laranja, conforme tradicionalmente realizado por uma família no município de São Tiago, em Minas Gerais.

Inicialmente, os pesquisadores tiveram uma série de interações com os produtores de vinho de laranja, registrando os processos de produção através de vídeo e texto. Em seguida, após estudos para elucidar os conhecimentos científicos presentes nesses processos, os autores elaboraram e aplicaram uma sequência didática junto a uma turma da 3ª série do Ensino Médio em uma escola local, no componente curricular de química. Além das aulas de problematização e da prática de fabricação de vinho, também foi possível explorar os conceitos de fermentação alcoólica e reações químicas.

Outra forma de explorar a relação dos saberes populares com os conhecimentos científicos no contexto escolar é através de pesquisas que incentivam a interação entre escola e a comunidade, em que os alunos são incentivados a buscar e integrar saberes populares do seu contexto familiar e cotidiano nas atividades escolares. Um exemplo é o trabalho realizado por Leal, Ayres e Santos (2016), que investigaram saberes populares sobre plantas medicinais entre alunos do 8º ano do Ensino Fundamental e seus familiares em uma escola pública de Rio Bonito, RJ. O objetivo foi fomentar o desenvolvimento de atividades que integrassem esses saberes ao estudo do corpo humano.

Inicialmente, os pesquisadores aplicaram dois questionários: o primeiro abordou questões relacionadas às propriedades terapêuticas, plantas mais utilizadas, partes usadas e formas de preparo, direcionado também aos familiares; o segundo visava conhecer o universo sociocultural dos familiares. Um terceiro questionário avaliou se os alunos reconheciam os sintomas das doenças. Além disso, os alunos, divididos em grupos, identificaram e secaram prensando partes de plantas medicinais, anotando seus nomes populares e critérios de identificação. Como atividade final, participaram do jogo «Brincando com as Plantas Medicinais», que interligou todas as etapas do trabalho, estimulou a aprendizagem, a socialização do saber e avaliou a interação entre os conteúdos de ciências e o uso das plantas medicinais.

Os resultados das atividades apontaram que o conhecimento sobre as propriedades terapêuticas das plantas diminui à medida que aumenta o nível de escolarização dos familiares dos alunos. Já as ideias dos alunos sobre o uso e reconhecimento das plantas e aspectos de saúde coincidiram com a literatura consultada em mais da metade dos casos, destacando a importância de valorizar o saber popular na escola. Por fim, os autores concluíram que o resgate desses saberes sobre o uso de plantas medicinais proporcionou alternativas que facilitaram o processo de aprendizagem dos alunos.

As recompensas, ao trabalhar saberes populares na escola, podem ser demasiadamente gratificantes, a depender de que forma a abordagem deste estudo se dê na escola. Uma forma muito proveitosa é deixar os próprios alunos atuarem como resgatadores de saberes populares juntos aos seus amigos, avós e parentes mais idosos, ou numa situação em que o entrevistador apresente uma grande distância geracional do entrevistado. Pois, dessa forma, há a existência de um sentimento de valorização recíproco num diálogo entre gerações, entre entrevistado e entrevistador, quando o segundo busca por saberes populares junto ao primeiro, mais idoso. Assim como afirma Chassot (2008, p. 10):

> "Ocorre, com frequência, a surpresa do jovem, que vê a riqueza dos saberes detidos pelos mais velhos. Nestes se manifesta a gratificação em ver a Academia valorizar aquilo que eles conhecem, geralmente sem valor como conhecimento para muitos."

Neste mesmo sentido, Silva (2020a) descreve o seu sentimento ao entrevistar o Sr. Guilherme, um pescador artesanal com 75 anos de idade, ainda ativo no seu ofício, em que estudou apenas até a 4ª série do Primário (atual 4º ano do Ensino Fundamental), o qual tinha um apreço muito grande pela escola em que estudou.

> "Num primeiro momento quando falei para o Sr. Guilherme o quanto os seus saberes poderiam ser muito úteis na escola ele não quis acreditar. Mas quando exemplifiquei uma possível relação de um dos seus saberes, que ele tinha me descrito, com um conhecimento científico ensinado na escola, notei o brilho nos seus olhos e uma felicidade pelo reconhecimento. De todos os momentos de surpresa, de saberes inesperados e emoção diante de felizes e tristes histórias de vida dos pescadores, este momento da entrevista com o Sr. Guilherme foi o mais gratificante pra mim, pois ao conseguir

> mostrar o quanto os seus saberes eram válidos e importantes para a escola, também me senti valorizado (Silva, 2020a, p. 9)."

Diversos desafios também podem aparecer em trabalhos dessa natureza. Desde desafios culturais, epistemológicos e até institucionais. Culturalmente, porque como já discutido neste texto, é comum haver na escola uma valorização excessiva do conhecimento científico em detrimento dos saberes populares, mesmo que isso não seja explícito para a maioria da comunidade escolar. Essa hierarquização do conhecimento pode gerar resistência tanto por parte dos educadores quanto dos alunos, dificultando a aceitação e a valorização dos saberes populares.

Epistemologicamente, os saberes populares e científicos possuem bases e metodologias distintas, o que pode criar dificuldades na sua conciliação. Enquanto o conhecimento científico é caracterizado pela sistematização, objetividade e universalidade, os saberes populares são contextuais, empíricos e frequentemente baseados na oralidade e na prática. Essa diferença pode tornar complexa a tarefa de encontrar um terreno comum onde ambos os tipos de conhecimento possam ser abordados de maneira integrada e complementar.

Institucionalmente, as estruturas curriculares e as políticas educacionais das escolas frequentemente não contemplam a valorização e a inclusão dos saberes populares. A falta de formação específica para os educadores sobre como incorporar esses saberes no ensino e a ausência de recursos didáticos adequados também são obstáculos significativos. Além disso, a falta de políticas públicas eficazes para a preservação e valorização desses saberes agrava o problema, contribuindo para a sua marginalização e esquecimento.

Diante das possibilidades, desafios e das recompensas envolvidas na integração dos saberes populares e científicos no contexto escolar, é fundamental reconhecer que essa abordagem, além de enriquecer o processo educativo, também promove o resgate de saberes que correm o risco de extinção. A valorização dos saberes locais preserva um patrimônio cultural essencial, assim como estimula um diálogo intergeracional enriquecedor, em que os mais jovens descobrem a riqueza dos saberes detidos pelos mais velhos. Enquanto enfrenta-se desafios como resistências culturais e epistemológicas, também é possível encontrar na escola um espaço crucial para revitalizar e integrar esses saberes, promovendo uma educação mais inclusiva e contextualizada. Assim, ao superar esses obstáculos com políticas educacionais mais sensíveis e práticas pedagógicas inovadoras, é possível não apenas enriquecer o currículo escolar, mas também fortalecer o tecido social e cultural dessas comunidades.

CONSIDERAÇÕES FINAIS

A trajetória de vida do Sr. Carlos, um pescador artesanal cuja memória e conhecimentos são testemunhos valiosos de uma época passada, evidencia a riqueza e a importância dos saberes populares para a compreensão das transformações socioeconômicas e culturais das comunidades tradicionais. Estes saberes, acumulados e transmitidos ao longo de gerações, representam uma fonte de conhecimento que, embora frequentemente marginalizada pela academia e pelo contexto escolar, possui um valor inestimável para a educação e a preservação cultural.

A integração dos saberes populares e do conhecimento científico no ambiente escolar é uma abordagem que promove uma educação mais inclusiva e contextualizada. Essa integração permite que os alunos façam conexões significativas entre o que aprendem na escola e suas próprias realidades, enriquecendo o processo educativo e tornando-o mais engajador. Além disso, ao valorizar e incorporar os saberes populares no currículo escolar, contribuímos para a preservação deste patrimônio imaterial, garantindo que ele seja transmitido para as futuras gerações.

Os desafios para implementar essa integração são diversos, abrangendo desde questões culturais e epistemológicas até barreiras institucionais. No entanto, as recompensas são igualmente numerosas e satisfatórias, proporcionando uma educação que não apenas transmite conhecimento, mas também valoriza e preserva as culturas locais. O diálogo entre o saber popular e o conhecimento científico pode ser frutífero, ajudando os alunos a compreenderem as limitações e as potencialidades de ambos os tipos de conhecimento.

A escola, portanto, desempenha um papel crucial como mediadora deste processo, promovendo a valorização e a revitalização das tradições culturais das comunidades. Ao adotar práticas pedagógicas que integrem os saberes populares e científicos, os educadores podem criar um ambiente de aprendizagem que respeite e valorize a diversidade cultural dos alunos, ao mesmo tempo em que contribuem para uma educação mais crítica e consciente.

Em suma, a integração dos saberes populares no contexto escolar não é apenas uma questão de justiça cultural, mas também uma estratégia pedagógica eficaz para enriquecer o ensino e fortalecer as comunidades. Ao enfrentar os desafios e aproveitar as oportunidades oferecidas por essa abordagem, é possível construir uma educação que respeite e celebre a diversidade de saberes que compõem esse patrimônio cultural, preparando os alunos para um futuro mais inclusivo e sustentável.

REFERÊNCIAS

BRASIL. **Decreto n. 6.040, de 7 de fev. de 2007.** Institui a Política Nacional de Desenvolvimento Sustentável dos Povos e Comunidades Tradicionais. Brasília, 2007.

CHASSOT, A. I. **A ciência através dos tempos**. São Paulo: Moderna, 1995.

CHASSOT, A. I. Fazendo educação em ciências em um curso de pedagogia com inclusão de saberes populares no currículo. **Química Nova na Escola,** n. 27, p. 9-12, 2008.

CREPALDE, R. S. *et al.* A integração de saberes e as marcas dos conhecimentos tradicionais: reconhecer para afirmar trocas interculturais no ensino de ciências. **Revista Brasileira de Pesquisa em Educação em Ciências,** v. 19, p. 275-297, 2019.

CUNHA, M. C. da. Populações tradicionais e a convenção da diversidade biológica. **Estudos Avançados,** São Paulo, v. 13, n. 36, p. 147-163, mai./ago. 1999.

DIEGUES, A. C. S. *et al.* **Biodiversidade e comunidades tradicionais no Brasil**. São Paulo: NUPAUB-USP, PROBIO-MMA, CNPq, 2000.

LEAL, K. M.; AYRES, A. C. B. M.; SANTOS, M. G. S. Interagindo plantas medicinais e corpo humano no ensino fundamental. **Revista Práxis,** v. 8, n. 16, p. 9-23, 2016.

MERA, J. C. E. *et al.* Conhecimento, percepção e ensino sobre plantas medicinais em duas escolas públicas no município de Benjamin Constant – AM. **Experiências em Ensino de Ciências,** v. 13, n. 2, p. 62-79, 2018.

PEREIRA, S. M. **O transitar de saberes populares de pescadores artesanais na escola.** 2014. Dissertação (Mestrado em Educação) - Universidade do Sul de Santa Catarina, Tubarão, 2014.

PINHEIRO, P. C.; GIORDAN, M. O preparo de sabão de cinzas em Minas Gerais, Brasil: do status de etnociência à sua mediação para a sala de aula utilizando um sistema hipermídia etnográfico. **Investigações em Ensino de Ciências**, v. 15, n. 2, p. 355-383, 2010.

RESENDE, D. R.; CASTRO, R. C. e PINHEIRO, P. C. O saber popular nas aulas de química: relatos de experiência envolvendo a produção de vinho de laranja e a sua interpretação no ensino médio. **Química Nova na Escola**, v. 32, n. 3, p. 151-160, 2010.

RIVA, P. B.; HARUMI, A. T. O.; SUZUKI, I. Etnossaberes sobre peixes por pescadores e professores da planície de inundação do alto Rio Paraná. **Investigações em Ensino de Ciências**. v. 19, n. 2, p. 343-361, 2014.

SILVA, F. A. **Saberes pescados e conhecimento:** resgate e valorização de saberes populares de pescadores artesanais no contexto escolar. UDESC-PPGCMT. Joinville, 2020a.

SILVA, F. A.; DE LUCA, A. G.; AREND, K. Interagindo os saberes populares com os saberes científicos através de um estudo envolvendo a fabricação de pão. **Revista de estudos e pesquisas sobre ensino tecnológico**, v.1, n.1, p. 1-13, 2015.

VENQUIARUTO, L. D.; DALLAGO, R. M.; DEL PINO, J. C. Saberes populares fazendo-se saberes escolares: um estudo envolvendo a produção artesanal do vinho. **Ensino de Ciências e Tecnologia em Revista**, v. 4, n. 1, p. 62-73, 2014.

SEÇÃO 2 – AMPLIANDO HORIZONTES NA EDUCAÇÃO QUÍMICA: MOSTRAS, FEIRAS, OLIMPÍADAS E GRUPOS DE INICIAÇÃO CIENTÍFICA

7

A IMPORTÂNCIA DO COMPARTILHAMENTO CIENTÍFICO PARA O DESENVOLVIMENTO DE COMPETÊNCIAS E HABILIDADES DENTRO DA ÁREA DE CIÊNCIAS DA NATUREZA, EM ESPECIAL NO ENSINO DE QUÍMICA

Eduarda Borba Fehlberg

CIÊNCIAS DA NATUREZA NA EDUCAÇÃO BÁSICA: DA MEMORIZAÇÃO À INVESTIGAÇÃO

A sala de aula de Ciências, antigamente, era vista como um espaço de mera reprodução teórica, em que o estudante era responsável por prestar atenção a tudo que o professor explicava e assim reproduzir literalmente nas atividades seguintes, sem a necessidade de refletir e tão pouco de levantar questionamentos. Isso porque o ensino centrava-se na memorização e na posição passiva do estudante, em que reflexões e debates não tinham espaço (Macedo; Nascimento; Bento, 2013). Buscando romper com esse pensamento, a Teoria Construtivista vem para discutir a importância do papel do estudante no processo de aprendizagem. Nessa perspectiva, entende-se que sujeito e objeto relacionam-se na busca por assimilar novos esquemas e (re)estruturá-los de maneira significativa. Quando essa (re)estruturação não ocorre de maneira eficiente, o conhecimento não é validado e, muitas vezes, a aprendizagem não se efetiva, ocorrendo a memorização temporária daquela informação. Isso geralmente acontece com atividades descontextualizadas e fora da realidade do estudante, dificultando a aproximação do novo saber com as informações já disponíveis nos seus subsunçores (Piaget, 1977; Ausubel, 2003; Moreira, 2005). Diante disso, pensar a sala de aula como um espaço onde o estudante tenha autonomia e se sinta peça fundamental nessa construção é essencial, pois só haverá aprendizagem se as relações forem significativas e relacionadas com o seu contexto.

Compartilhando esse mesmo pensamento, vem o ensino de Ciências da Natureza que visa garantir aos estudantes ferramentas suficientes para aprender conceitos simples em sala e os complexificarem para além dela, aplicando-os e relacionando-os com o que acontece no meio em que se encontram. Quando isso ocorre, é possível identificar que a aprendizagem para aquele estudante foi tão significativa a ponto de possibilitar a construção de conexões e interações com saberes já existentes, dando sentido ao novo conhecimento (Dewey, 1978; Bachelard, 1996; Ausubel, 2003; Moreira, 2005; Bacich; Moran, 2018).

Nessa perspectiva, também se encontram os documentos orientadores da Base Nacional Comum Curricular (BNCC), que defendem a formação integral do estudante, no qual caracterizam a escola como um espaço de aprendizagem contínua, possibilitando que o estudante se envolva e se interesse pela vida, pelos desafios do seu contexto escolar, que valorize o compartilhamento e a interação com os outros, que tenha ferramentas suficientes para fazer conexões de conhecimentos teóricos com seus conhecimentos prévios e que, a partir disso tudo, compreenda questões cada vez mais complexas ao longo do seu processo de aprendizagem (Brasil 2018; Perez, 2018).

Ao encontro desse pensamento, a sala de aula de Ciências da Natureza tem como missão criar um espaço de discussão sobre a sociedade e como ela vem sendo formada, propondo ao estudante a investigação de como essa sociedade está impactando o mundo, e ainda como ele, o estudante, está atuando no seu meio (Freire, 2007; Delizoicov, 2009).

Todas essas definições e pensamentos, visam, na sua grande maioria, proporcionar o maior número de experiências diferentes possíveis, em que o estudante deixa a forma passiva de aprendizagem e busca ferramentas que o auxiliam a assimilar e (re)significar novos conceitos baseados na investigação (Dewey, 1978; Bachelard, 1996; Ausubel, 2003; Bacich; Moran, 2018).

A INICIAÇÃO CIENTÍFICA E A SALA DE AULA: POSSÍVEIS INTERLOCUÇÕES

Quando se fala em investigação em sala de aula, estamos falando de um espaço que estimula a descoberta, as perguntas, as hipóteses e que, principalmente, trata o erro com normalidade e, ainda, o usa em muitos momentos como trampolim para novas investigações e, por consequência, novas aprendizagens (Perrenoud, 2005). Assim deve ser pensada toda a sala de aula, um ambiente no qual a pesquisa é parte fundamental de toda a construção e tanto os estudantes quanto o professor são pesquisadores desse processo. Ao encontro desse pensamento, Pedro Demo (2006) destaca que pesquisador não é aquele que somente pesquisa, descobre, sistematiza, conhece e depois passa para outro sujeito transpor tal conhecimento para realidade, pesquisador é aquele que pesquisa e intervêm diretamente na realidade.

Diante disso, a Iniciação Científica (IC) na Educação Básica é uma excelente forma de conectar a sala de aula com as perguntas que cercam o contexto dos estudantes, dos questionamentos que os deixam curiosos e que os fazem interessar-se por ir além das paredes da escola. Por isso, o método científico, se bem empregado na sala de aula, produz ganhos imensuráveis, pois possibilita ensinar ciência por um viés social, reflexivo e de relações significativas (Oliveira; Vasquez, 2021). Assim, "pode-se afirmar que o conhecimento científico é uma prática social marcante, que acaba influenciando as trajetórias e as vivências das pessoas" (Costa; Mello; Roehrs, 2019 apud Demo, 2002).

Aprofundando ainda mais, Perez (2018) traz que "as áreas do conhecimento constituem importantes marcos estruturados de leitura e interpretação da realidade, essenciais para garantir a possibilidade de participação do cidadão na sociedade de maneira autônoma". Essa perspectiva visa o desenvolvimento integral e coletivo do estudante, proporcionando uma atmosfera onde ele queira aprender constantemente.

Nesse sentido, a área de Ciências da Natureza, segundo a BNCC, tem um compromisso com o desenvolvimento do letramento científico, que envolve a capacidade de compreender e interpretar o mundo (natural, social e tecnológico), mas também de transformá-lo com base nos aportes teóricos e processuais das ciências (Brasil, 2018). Ainda, o mesmo documento enfatiza, para o Ensino Médio, a necessidade da abordagem investigativa desde a elaboração de procedimentos, até a análise e divulgação científica, tratando como fundamental que os estudantes possam entender, avaliar, comunicar e divulgar o conhecimento científico como forma de aprendizagem.

FEIRA DE CIÊNCIAS COMO UM ESPAÇO FORMATIVO

Segundo a BNCC (2018), "reconhecer-se em seu contexto histórico e cultural, comunicar-se, ser criativo, analítico-crítico, participativo, aberto ao novo, colaborativo, resiliente, produtivo e responsável requer muito mais do que o acúmulo de informações". Isso porque a sociedade atual espera que o estudante desenvolva muito mais que o "conteúdo pelo conteúdo", ela almeja um desenvolvimento integral, em que o estudante entenda o mundo em que vive, tenha um olhar inovador e crítico, tenha discernimento, responsabilidade social e ambiental e use sua autonomia para resolver problemas e tomar decisões, priorizando sempre a coletividade e comunicando com clareza suas reflexões e contribuições (Freire, 2007; Felício, 2012).

Para isso, o compartilhamento de experiências e as oportunidades de vivenciar novas situações são extremamente importantes para a construção e o desenvolvimento de competências e habilidades que visam à formação e o desenvolvimento humano global. Nesses espaços de troca, o aprender a aprender existe subjetivamente e o compartilhamento de conhecimentos amplia o vocabulário, o repertório e a bagagem cultural de todos os envolvidos, desde uma palestra, um seminário, um grupo de estudos e feiras de ciências.

Olhando mais especificamente para as Feiras de Ciências, encontramos nesses espaços o local ideal para a aprendizagem, proporcionando ao estudante perceber, modificar e refletir sobre a sua realidade. Nesse sentido, é necessário pensar a Feira de Ciência como meio, e não como finalidade, ou seja, que chegar até lá seja um passo de uma grande caminhada de complexificação de conhecimentos e que o objetivo seja a comunicação, a divulgação científica e aprendizagem de todos os envolvidos (Hartmann; Zimmermann, 2009; Da Silva Gallon *et al.*, 2018).

Para Mancuso (2000) e Lima (2008), as Feiras de Ciências podem trazer benefícios para toda a comunidade envolvida e destacam mudanças como: o crescimento pessoal e a ampliação dos conhecimentos por parte dos professores e estudantes; a ampliação da capacidade comunicativa devido à troca de ideias, ao intercâmbio cultural e ao relacionamento com outras pessoas; mudanças de hábitos e atitudes com o desenvolvimento da autoconfiança e da iniciativa, bem como a aquisição de habilidades como abstração, atenção, reflexão, análise, síntese e avaliação; desenvolvimento da criticidade com o amadurecimento da capacidade de avaliar o próprio trabalho e o dos outros; maior envolvimento e interesse e, consequentemente, maior motivação para o estudo de temas relacionados à ciência; o exercício da criatividade para comunicar seus resultados; maior politização dos participantes devido à ampliação da visão de mundo, à formação de lideranças e à tomada de decisões. Ainda, uma Feira de Ciências é também fonte geradora de protagonismo juvenil (Araújo, 2015; De Souza Nunes, 2019; Candito; Rodrigues; Menezes, 2020).

Diante disso, possibilitar a participação dos estudantes em espaços como Feiras de Ciências possibilita o protagonismo e o sentimento de pertencimento da sociedade, aproximando a pesquisa do caráter ambiental, político e social, demonstrando que a pesquisa deve fazer parte do cotidiano, e não ser um elemento alheio à aprendizagem (Da Silva Gallon *et al.*, 2018; Candito; Rodrigues; Menezes, 2020).

METODOLOGIA

Para refletir como a IC impacta no desenvolvimento de competências e habilidades gerais dos estudantes que a desenvolvem, bem como entender quais são as contribuições da participação em Feiras de Ciências, desenvolveu-se um formulário eletrônico, anônimo, que foi direcionado a estudantes que passaram pela IC durante o Ensino Médio. A pesquisa realizada envolveu egressos de escola privada, da região metropolitana de Porto Alegre e que concluíram o Ensino Médio entre 2019 e 2023. A pesquisa realizada caracterizou-se como quantitativa, de caráter exploratório.

No formulário foram construídas duas seções de perguntas: a primeira envolvendo as percepções de aprendizagem envolvendo a IC que participou com os conceitos trabalhados na área de Ciências da Natureza, com maior destaque para o ensino de Química. Nessa seção foram organizadas as seguintes perguntas (Quadro 1):

Quadro 1. Perguntas sobre IC

PERGUNTAS
Você desenvolveu iniciação científica na educação básica por quanto tempo?
Sua iniciação científica envolvia qual área?
Seu projeto ou ideia surgiu de uma aula?
Consegui compreender melhor o que estava aprendendo em Química com mais facilidade a partir das pesquisas do meu projeto
Na sua opinião, o que a iniciação científica acrescentou no seu processo de aprendizagem?
Você acredita que ter participado da iniciação científica facilitou a sua construção de conhecimento? Justifique
Você acredita que devido a iniciação científica você conseguia fazer relações em sala de aula com mais facilidade? Justifique

Fonte: A autora

Para finalizar a sessão, ainda, contou com um questionário (Likert, 1932):

Quadro 2. Questionário tipo Likert da primeira seção

O que a Iniciação Científica contribuiu para minha construção humana e profissional?					
	Concordo totalmente	Concordo parcialmente	Não sei opinar	Discordo parcialmente	Discordo totalmente
A participação na iniciação científica contribuiu para meu desenvolvimento pessoal					
Com a iniciação científica aprendi a ser mais autônomo e protagonista					
A iniciação científica me fez acreditar na minha capacidade em resolver problemas					
Durante a iniciação científica consegui perceber relações que somente em sala de aula não conseguiria					
A partir da iniciação científica as relações de ciências da natureza ficaram mais palpáveis					

Consegui compreender melhor o que estava aprendendo em Química com mais facilidade a partir das pesquisas do meu projeto					

Fonte: A autora

Já na segunda seção, foram organizados questionamentos relativos à Feiras de Ciências e a análise de possíveis contribuições que a participação nelas pode ter proporcionado, pensando em uma formação integral do estudante. Para iniciar a sessão, foi elaborado um questionário (Likert, 1932):

Quadro 3. Questionário tipo Likert da segunda seção

Como a participação em feiras impactou no meu processo de aprendizagem?					
	Concordo totalmente	Concordo parcialmente	Não sei opinar	Discordo parcialmente	Discordo totalmente
Com a participação em feiras científicas aperfeiçoei minhas habilidades cognitivas e sociais					
A participação em feiras de ciências contribuiu para meu crescimento intelectual					
A participação em feiras de ciências permitiu ampliar meus conhecimentos para além da sala de aula					
Com as experiências em feiras científicas consegui relacionar melhor os conteúdos desenvolvidos em sala de aula					
Com a participação em feiras de ciências pude acreditar mais no meu potencial					
As participações me feiras ampliaram meu repertório e melhoraram minha oralidade					

Fonte: A autora

Para finalizar, foram elaboradas as seguintes perguntas:

Quadro 4. Perguntas sobre feira de Ciências

PERGUNTAS
Por que escolhi participar de feiras de ciências?
Na sua opinião, o que a participação nas feiras de ciências proporcionou a você?
Qual o ganho/contribuição na sua aprendizagem você considera que a participação em diferentes feiras proporcionou?
Você acredita que sua aprendizagem em sala de aula foi potencializada devido às relações (de conceitos, conteúdos...) que você precisou fazer durante as participações em feiras? Justifique
Você acredita que desenvolver projetos de iniciação científica e participar de feiras de ciências durante o ensino médio ajudou você a se preparar para o futuro? Justifique
Você leva boas experiências desses momentos? Cite uma (ou mais) se for confortável para você.

Fonte: A autora

RESULTADOS E DISCUSSÕES

A pesquisa ficou disponível por um período de duas semanas para participação. Ao todo, trinta e cinco egressos que se formaram entre 2019 e 2023 aceitaram participar. Na primeira pergunta, foi possível perceber que a IC foi realizada ao longo de quase todo o ensino médio para grande maioria dos estudantes respondentes (97%). Isso mostra a continuidade da pesquisa e do processo de aprendizagem dentro do tema estudado, ou seja, a IC aqui não foi utilizada meramente para momentos pontuais dentro da Educação Básica, mas sim uma construção que o aluno se envolveu praticamente todo o tempo do Ensino Médio, e alguns (3%) já estavam envolvidos nela no Ensino Fundamental.

Quando questionados sobre como o projeto da IC surgiu, percebeu-se uma grande representatividade de projetos na área de Ciências da Natureza (96%) e que surgiram, ou seja, foram idealizados, a partir de uma aula ou pergunta em sala de aula (71%). A partir desses dados, cabe inferir que os estudantes encontraram uma sala de aula que oportuniza o espaço para o questionamento, tendo autonomia para utilizar os conhecimentos aprendidos ali e buscarem respostas a suas próprias perguntas, ressignificando os conceitos trabalhados e complexificando-os para responder novas perguntas. Isso, segundo alguns autores, possibilita a construção de conexões e interações com saberes já existentes, dando sentido ao novo conhecimento (Dewey, 1978; Bachelard, 1996; Ausubel, 2003; Moreira, 2005; Bacich; Moran, 2018). No ensino de Ciências da Natureza isso é de suma importância, pois descaracteriza um ensino descontextualizado e de reprodução de fórmulas prontas e mostra uma sala de aula preocupada com sociedade e seu entorno.

Relativo às possíveis contribuições que a IC trouxe para o seu desenvolvimento cognitivo, humano e profissional, a grande maioria reconheceu seu crescimento e as aproximações com a sala de aula quando desenvolviam seus projetos. É possível perceber pelas respostas que 100% dos respondentes entendem que a IC contribuiu para o seu desenvolvimento pessoal, e a grande maioria desenvolveu mais autonomia para realizar suas tarefas, bem como a ter um papel protagonista em diferentes cenários da vida. Também é notório que a autoconfiança dos estudantes aumentou, pois eles indicam que passaram a "acreditar na sua capacidade de resolver problemas". Com base em alguns autores, é possível relacionar essa análise com o uso de habilidades e atitudes para a construção de competências que podem ser formadas a partir das relações feitas em sala de aula, aumentando a capacidade dos estudantes de enxergar o mundo, suas necessidades e possíveis intervenções, dando autonomia para os estudantes na busca por ferramentas para solucionar problemas cotidianos (Moraes; Ramos, 1988; Perrenoud, 2005).

Quando questionados como a IC contribuiu na sua vida, os participantes foram muito enfáticos ao mencionar que a contribuição foi para além do conhecimento em si, mas que proporcionou competências que os fizeram perceber novas formas de olhar o mundo. Um deles (A34) relata: "*Certo de que me possibilitou um novo olhar sobre tudo, não só academicamente falando. Me fez ser mais aberta a informações, sejam elas positivas ou não, tudo é resultado*". Outro (A33) destaca: "*A iniciação científica contribuiu de diferentes formas no meu processo de aprendizagem. Na minha visão, os principais pilares desenvolvidos a partir da minha experiência com a iniciação científica são: a autonomia e a capacidade de gerenciar diferentes tarefas e compromissos. Contribuiu não só na minha educação, como também na minha vida profissional e pessoal*". Ainda, outro participante (A27) complementou: "*Me tornou uma pessoa mais independente em relação aos estudos, tive mais autonomia de ir atrás do que não tinha facilidade e isso me ajudou muito*".

A partir da análise das respostas, é possível perceber que a IC contribuiu significativamente com: o desenvolvimento da autonomia e do protagonismo estudantil; exercitou a curiosidade intelectual dos estudantes; a utilizar diferentes linguagens para expressar e comunicar informações; agir pessoal e coletivamente com autonomia, responsabilidade, flexibilidade, resiliência e determinação; a resolver problemas reais e a valorizar a diversidade de saberes; a argumentar baseados em fatos e dados confiáveis e, principalmente, a produzir conhecimento. Todos esses pontos mencionados formam, juntos, as dez Competências Gerais da BNCC, as quais foram pensadas para inter-relacionarem-se e desdobram-se ao longo de toda a educação básica, articulando-se na construção do conhecimento, no desenvolvimento de habilidades e na formação de atitudes e valores (Brasil, 2018). Isso evidencia ainda mais a importância da IC bem articulada com a Educação Básica e o processo de ensino-aprendizagem.

Em relação ao desdobramento da IC dentro da área de Ciências da Natureza, alguns participantes mencionam que: "*Com a iniciação científica foi possível aprofundar o conteúdo dado em aula, identificando diferentes perspectivas do mesmo conteúdo e disciplina*" (A30); "*a iniciação científica aprofunda o conhecimento e a percepção de complexidade dos estudos, compreendendo o estudo num geral de forma mais plena*" (A26); "*Em questões de aulas, acredito que sim, você passa a enxergar o conteúdo de outra forma*" (A24); "*Por ter a parte prática do projeto, consegui visualizar de uma forma mais clara muitos conceitos estudados em sala de aula*" (A16); "*pois dentro do projeto encontramos diversos problemas relacionados a diversas áreas do conhecimento, fazendo assim com que seja desenvolvido relações interdisciplinares*" (A03); "*consegui relacionar com assuntos cotidianos e tornar matérias que usualmente são consideradas mais difíceis, mais fáceis, pelas relações que eu realizava.*" (A02). Pode-se perceber que todas as respostas destacadas identificam a IC como uma complexificação dos conceitos trabalhados em sala, ou seja, a Ciências da Natureza mostra ferramentas importantes para que os estudantes tenham habilidades suficientes para investigarem o mundo e suas relações, tanto na perspectiva ambiental, como social e política (Dewey, 1978; Bachelard, 1996; Ausubel, 2003; Bacich; Moran, 2018).

Especificando para o Ensino de Química, os participantes ainda relatam que: "*Com a iniciação científica foi possível vislumbrar a teoria juntamente com a prática, facilitando a compreensão do conteúdo das aulas de Química, desenvolvendo um raciocínio mais independente, não se prendendo apenas ao óbvio*" (A30); "No meu caso a compreensão das moléculas que víamos em aula e do que usávamos nos trabalhos ficou claro quando conseguimos "visualizar" aplicado no nosso trabalho." (A11); "*pois a partir da pesquisa consegui relacionar conceitos de diversas matérias, mas principalmente de química, e argumentar com fatos de demais áreas do conhecimento*" (A03); "*muitas coisas de química que precisei construir no projeto foram a base de pesquisas em que em outras situações eu nunca pesquisaria*" (A14); "*com base na tentativa e erro e na metodologia científica eu me perguntei e assim fui criando uma série de conhecimentos envolvendo a matemática, a física e a química por exemplo, a curiosidade por fazer acontecer me fez buscar na internet e com professores mais ainda sobre as matérias*" (A18).

Assim, é possível perceber que a aula de Química bem articulada com a IC pode se tornar um trampolim, em que os alunos se projetam para novos horizontes, em busca de novas respostas. Isso, de acordo com alguns pesquisadores, é possibilitar ensinar ciência por uma perspectiva social, reflexiva, significativa, influenciando trajetórias, experiências e tornando o estudante um eterno pesquisador do mundo (Costa; Mello; Roehrs, 2019 *apud* Demo, 2002; Oliveira; Vasquez, 2021).

Entendendo a importância da IC alinhada com a sala de aula, na Educação Básica, não podemos deixar de analisar a perspectiva dos participantes sobre a divulgação e comunicação científica, mais especificamente na participação das Feiras de Ciências. Sobre essa sessão, as respostas foram, na sua totalidade, positivas em relação à importância dessa participação no processo de aprendizagem dos estudantes.

Todos os estudantes entendem esse momento como uma maneira de desenvolver habilidades como a oralidade, a tomada de decisão, a autoconfiança, o trabalho em equipe, o pensamento criativo, dentre outras. Esse discernimento demonstra que a participação em Feiras de Ciências está muito mais relacionada a construir conexões e aprender do que meramente ao fato de participar. Nessa linha, a Feira de Ciência se torna um espaço formativo, no qual o aluno, ao participar, desenvolve competências e habilidades que vão de encontro com as competências gerais esperadas pela BNCC (Brasil, 2018) e proporcionando o desenvolvimento integral do estudante (Perez, 2018).

Quando questionados por que participaram e o que as Feiras de Ciências contribuíram para seu desenvolvimento, a maioria evidenciou que compartilhar suas ideias e ouvir feedbacks era essencial para crescer, tanto pessoalmente quanto cognitivamente, somado ao fato de que conhecer pessoas e novas culturas também era importante. Ainda, destacaram pontos como: "*a ter um olhar crítico e uma melhora na oralidade*" (A01); "*habilidades de comunicação*" (A02); "*trocas de conhecimentos*" (A07); "*resiliência, capacidade de resolução de problemas e desenvolvimento de melhorias*" (A09); "*diferentes visões de resoluções de problemas*" (A15); "*interação social, estudo científico*" (A25); "e*laboração de artigos científicos*" (30); "*autonomia, encarar meus medos e saber reagir*" (A32); "*proporcionou mais facilidade de se expressar, confiança para me aprofundar em assuntos mais técnicos*" (A35). Sendo assim, todos os comentários expressam que para além da participação existe, de fato, a construção de conhecimentos e o desenvolvimento de habilidades. E tudo isso corrobora com o mencionado por alguns autores, que participar de Feiras de Ciências deve ser um passo de uma grande caminhada de complexificação de conhecimentos e que o objetivo seja a comunicação, a divulgação científica e aprendizagem de todos os envolvidos (Hartmann; Zimmermann, 2009; Da Silva Gallon *et al.*, 2018).

Sendo assim, tanto a IC como as Feiras de Ciências podem contribuir com o desenvolvimento integral dos estudantes, e paralelamente auxiliar o desenvolvimento de competências e habilidades trabalhadas em sala de aula, dentro da área de Ciências da Natureza, em especial no ensino de Química. Nesse sentido, um participante menciona:

> "Para mim a iniciação científica se configura como uma rica divisão de águas. Me motivou na caminhada dentro do universo da investigação e do conhecimento. Com o projeto, consegui transcender, tanto em sala de aula, mas principalmente como ser humano, colocando em prática algumas habilidades e os conceitos em um contexto real e significativo que eu nem sabia que tinha" (A28).

CONSIDERAÇÕES (NUNCA) FINAIS

A pesquisa referente à percepção dos estudantes sobre a importância da Iniciação Científica evidenciou que os estudantes possuem entendimento sobre a potencialidade que existe ao fazer parte desse grupo de pesquisa e que a participação em Feiras de Ciências não se restringe a participar e concorrer a premiações, mas sim ao fato de complexificar seus conhecimentos e a compartilharem experiências com pessoas de diversos lugares, com pontos de vista diferentes, com culturas diferentes e, diante de tudo isso, sempre respeitando a diversidade que existe na sociedade e no mundo.

Ainda, diante todas as respostas ficou claro que a Ciências da Natureza quando bem articulada com a IC, dá frutos duradouros para os que passam por essa experiência, pois a aprendizagem vai para além do teórico, do conceito, das paredes da sala de aula. Com essa interlocução, os estudantes ganham confiança em si, viram protagonistas, olham o mundo de uma maneira diferente e aprendem que a curiosidade é a peça-chave para a descoberta de novos caminhos.

REFERÊNCIAS

AUSUBEL, David. **Aquisição e retenção de conhecimentos:** uma perspectiva cognitiva. Lisboa: Plátano, 2003.

ARAÚJO, Ana Vérica de. **Feira de ciências**: contribuições para a alfabetização científica na educação básica. 2015. 134f. – Dissertação (Mestrado) – Universidade Federal do Ceará, Programa de Pós-graduação em Educação Brasileira, Fortaleza (CE), 2015.

BACHELARD, Gaston. **A formação do espírito científico:** contribuição para uma psicanálise do conhecimento. Tradução de Esteia dos Santos Abreu. Rio de Janeiro: Contraponto, 1996.

BACICH, Lilian; MORAN, José. **Metodologias ativas para uma educação inovadora:** uma abordagem teórico-prática. Porto Alegre: Penso, 2018. xxii, 238 p.

BRASIL. Ministério da Educação. **Base Nacional Comum Curricular**. Brasília: MEC, 2018

CANDITO, Vanessa; RODRIGUES, Carolina Braz Carlan; MENEZES, Karla Mendonça. Feira de ciências e saberes: um olhar dos docentes para as contribuições da educação científica na educação básica. **Olhares & Trilhas**, v. 22, n. 3, p. 403-417, 2020.

DA SILVA GALLON, M.; SILVA, J.; NASCIMENTO, S.; ROCHA FILHO, J. Feiras de Ciências: uma possibilidade à divulgação e comunicação científica no contexto da educação básica. **Revista Insignare Scientia - RIS**, v. 2, n. 4, p. 180-197, 19 dez. 2019.

DELIZOICOV, Demétrio; ANGOTTI, José André; PERNAMBUCO, M. M. **Ensino de ciências:** fundamentos e métodos. 3 ed. São Paulo, Cortez, 2009.

DEMO, P. **Metodologia do conhecimento científico**. São Paulo: Atlas, 2002.

DEMO, Pedro. **Pesquisa:** princípio científico e educativo. São Paulo: Cortez, 2006.

DE SOUZA NUNES, Jailda Bernardino. **Feira de Ciências e seus contextos de aprendizagem: um estudo no Colégio Luiz Viana Filho**. 2019. 161f. – Dissertação (Mestrado em Ciências da Educação - Inovação Pedagógica). Universidade da Madeira, Portugal, 2020.

DEWEY, John. **Vida e educação**. Trad. Anísio Teixeira. 10. ed. São Paulo: Melhoramentos; 1978. Edições Melhoramentos. São Paulo, 1978.

FELÍCIO, Helena Maria dos Santos. Análise curricular da escola de tempo integral na perspectiva da educação integral. **Revista e- Curriculum**, São Paulo, v.8, n.1, p. 1- 18, abril, 2012.

FREIRE, Paulo. **Pedagogia da autonomia:** saberes necessários à prática educativa. 36. ed. São Paulo: Paz e Terra, 2007.

HARTMANN, Angela; ZIMMERMANN, Erika. Feira de ciências: a Interdisciplinaridade e a Contextualização em produções de estudantes do Ensino Médio. *In*: VII Encontro Nacional de Pesquisa em Educação em Ciências – VII ENPEC- Florianópolis, SC – 8 de nov. de 2009.

LIKERT, Rensis. A technique for the measurement of attitudes. **Archives of psychology**, 1932.

LIMA, Maria Edite Costa. Feiras de ciências: o prazer de produzir e comunicar. *In:* PAVÃO, Antônio Carlos; FREITAS, Denise de (org.). **Quanta ciência há no Ensino de Ciências?** São Carlos: EDUFSCAR, 2008. p. 195-205.

MACEDO, Margarete Valverde de; NASCIMENTO, Milena de Souza; BENTO, Luiz. Educação em Ciência e as "novas" tecnologias. **Revista Práxis**, v. 5, n. 9, 2013.

MANCUSO, Ronaldo. Feiras de Ciências: produção estudantil, avaliação, conseqüências. **Contexto educativo: revista digital de investigación y nuevas tecnologías**, n. 6, p. 8, 2000.

MORAES, Roque; RAMOS, Maurivan Guntzel. **Construindo o conhecimento:** uma abordagem para o ensino de ciências. Porto Alegre, RS: Sagra Luzzatto, 1988.

MOREIRA, Marco Antonio. **Aprendizagem significativa crítica.** Porto Alegre: Instituto de Física, 2005.

OLIVEIRA, Victor Hugo Nedel; VASQUES, Daniel Giordani. A construção do estado do conhecimento sobre iniciação científica na educação básica. **Revista e-Curriculum**, v. 19, n. 3, p. 1240-1262, 2021.

PEREZ, Tereza. **BNCC:** a Base Nacional Comum Curricular na prática da gestão escolar e pedagógica. São Paulo: Editora Moderna, 2018.

PERRENOUD, Philippe. **Escola e cidadania:** o papel da escola na formação para a democracia. Trad. Fátima Murad. Porto Alegre: Artmed, 2005.

PIAGET, Jean. **O desenvolvimento do pensamento:** equilibração de estruturas cognitivas. Lisboa: Dom Quixote, 1977.

8

A INCORPORAÇÃO DA ROBÓTICA EDUCACIONAL NO ENSINO DE QUÍMICA E AS ESTRATÉGIAS PARA PROMOVER A DIVULGAÇÃO CIENTÍFICA DE PROJETOS TECNOLÓGICOS

Késia de Souza Cruz[1]
Eduardo Jesus Teles[2]

INTRODUÇÃO

O presente capítulo tem como objetivo apresentar exemplos de como os professores de química podem utilizar os recursos da robótica educacional para ensinar conteúdos diversos de química. Além disso, apresentar uma forma de incentivar a divulgação científica de projetos que podem surgir a partir destes exemplos. Sendo este capítulo parte de um artigo publicado pela Mostra Nacional de Robótica em 2023 por Késia Cruz, Eduardo Teles e Cleide Thatiane, além de resultados de eletivas de química e robótica educacional ministrados por Késia Cruz.

Entretanto, também é a resposta para os seguintes anseios de muitos educadores, cito: Como tornar a aula de química mais tecnológica e engajar uma geração que vivencia a cultura digital? Ou como ensinar a robótica educacional se não tenho formação específica nessa área de atuação?

Sim, eu, Késia Cruz, já passei por essas situações e já fiz essas mesmas perguntas diversas vezes até que decidi inovar e me aproximar do meu público, conversando mais com os meus alunos e ex-alunos para compreender um pouco do universo deles. O segundo autor deste capítulo (Eduardo Teles) é um dos alunos que, anteriormente, me apresentou as possibilidades de ensino com o Minecraft Education Edition.

Dessa forma, compilamos aqui parte do nosso conhecimento em métodos de ensino envolvendo games, robótica educacional e estratégias de divulgação científica para então, compartilhar com vocês. Este capítulo apresenta um resumo dos cinco anos de pesquisa da professora Késia na área de robótica educacional, sendo três deles dedicados à pesquisa em conjunto com Eduardo, com foco em estratégias para o ensino de química. No mais, esperamos que este capítulo possa encorajar você a utilizar essas novas ferramentas e recursos em suas aulas.

Alguns apontamentos iniciais são necessários para a compreensão deste estudo. Primeiramente, o que é robótica educacional? Segundo Campos (2011, p.120), "a robótica educacional é uma metodologia que possibilita o educando a emancipação do processo de aprendizagem na medida em que articula conhecimentos, habilidades e valores criando espaços não-lineares de aprendizagem".

E Silva (2009, p.28) corrobora com essa assertiva e vai além ao alegar que "a robótica educacional envolve um processo de motivação, colaboração, construção e reconstrução para isso faz-se necessária a utilização de conceitos de diversas disciplinas para construção de modelos levando os alunos a uma rica vivência interdisciplinar. E finaliza afirmando que, "a robótica é a ciência ou o estudo da tecnologia associado com o projeto que este esteja integrado" (Silva, 2009, p.27).

Então ficou simples, basta então o docente se apropriar da tecnologia que desejar para realizar um estudo e aplicar está em sala de aula? Sim! Mas como saber qual tecnologia usar ou qual plataforma ou recurso eu tenho disponível? Já que a Computação é abordada na BNCC de forma incipiente e as orientações disponíveis no documento norteador não tem uma linguagem efetiva, possuindo somente algumas inspirações para elaboração das aulas.

Acreditamos que incluir neste capítulo uma abordagem acessível e de enfrentamento das desigualdades na exposição de nossas sugestões é válido. Nessa perspectiva, é importante que vocês compreendam mais dois conceitos que envolvem a distinção entre computação plugada e desplugada. Já que usaremos desse recurso para ensinar robótica educacional, apresentando como essas definições são aliadas durante a flexibilização de uma aula para torná-la mais inclusiva e que atinge todas as potencialidades que a turma ou unidade escolar possui.

Assim, tem-se de acordo com Tavares *et al.*, (2021) a seguinte distinção entre os termos computação plugada e desplugada.

> A Computação Plugada utiliza de recursos de hardware e software para desenvolver suas atividades. Geralmente são utilizadas com crianças desafios online como pseudocódigo, sendo exemplos o Scratch e Code.org. [...] A Computação Desplugada é uma estratégia metodológica em que os conhecimentos da Computação são trabalhados sem o uso do computador. Neste formato, os conceitos são apresentados em atividades na forma de jogos e desafios que utilizam papel, lápis, cartas, jogos de tabuleiro, entre outros materiais alternativos concretos (p. 265).

Em suma precisamos que o leitor entenda que a robótica educacional é uma ciência de estudo na qual o professor precisa definir de acordo com suas possibilidades qual será seu objeto de estudo com seus alunos, como por exemplo: Montagem e Programação de robôs e criação de games e/ou jogos físicos. Sendo que esta escolha entrelaça com a área de conhecimento que o professor deseja abordar, podendo ser interdisciplinar ou não, mas que nesse caso inclua a disciplina de química.

E assim, tende a adentrar aos conceitos de abordagem STEAM (Science, Technology, Engineering, Arts and Mathematics – Ciências, Tecnologia, Engenharia, Artes e Matemática – tradução livre), sendo o campo Artes um âmbito recém-incrementado para que seja incluído as áreas das ciências humanas e sociais ao STEM que antes se referia a ciências exatas (Maia *et al.*, 2021).

Também, dentro da abordagem STEAM pode ser tratado, em tecnologia, uma vertente base, o pensamento computacional (PC). Ele se trata de uma forma de resolução de problemas, sendo composta por quatro etapas, a decomposição, padronização, abstração e algoritmo, permitindo uma resolução simples de forma plugada, com o auxílio por meio de softwares, ou desplugada, pela percepção e aplicação nas atividades do dia a dia externo aos meios digitais (Brasil, 2022).

A decomposição trata-se de dividir o problema em partes menores; padronização se refere a observar e encontrar padrões nos sons, movimentos e construções; abstração é organizar por relevância dos itens ou categorias; por fim é criado e testado o algoritmo, o comando, a sequência de dados. Todos possuindo o objetivo comum de facilitar a resolução de problemas, como exemplo de cada pilar, para melhor compreensão, temos algumas atividades virtuais presente na Figura 1 e estão associadas ao Quadro 1 para aplicação de aulas com eles. Sendo este um recurso criado pela Universidade Federal do Rio Grande do Sul e disponível gratuitamente para qualquer professor.

Figura 1. Exemplos de atividades virtuais que podem ser usadas para ensinar os pilares do PC e adentrar com segurança nas aulas de programação com química.

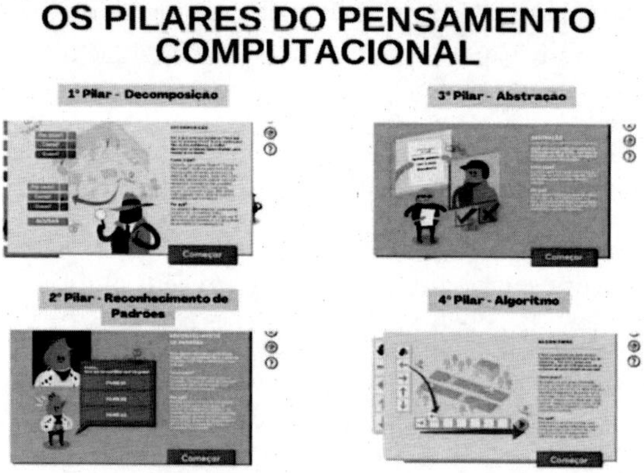

Fonte: Napead – UFRGS (2024)

Cada uma dessas atividades apresentadas na Figura 1 estão disponíveis na internet nos seguintes links apresentados pelo Quadro 1.

Quadro 1. Descrição do tema da aula e informação do link localizador do simulador adotado.

Tema da aula	Link localizador
1° Pilar do pensamento computacional: DECOMPOSIÇÃO	https://www.ufrgs.br/napead/projetos/pensamento-computacional/decomposicao/
2° Pilar do pensamento computacional: RECONHECIMENTO DE PADRÕES	https://www.ufrgs.br/napead/projetos/pensamento-computacional/padroes/
3° Pilar do pensamento computacional: ABSTRAÇÃO	https://www.ufrgs.br/napead/projetos/pensamento-computacional/abstracao/
4° Pilar do pensamento computacional: ALGORITMO	https://www.ufrgs.br/napead/projetos/pensamento-computacional/algoritmos/

Fonte: Organização dos autores (2024)

PROPOSTAS DE ENSINO USANDO MONTAGEM E PROGRAMAÇÃO EM ROBÔS

Em 2018, uma entrevista publicada pela Universidade Federal de Juiz de Fora apresentou um robô humanoide feito por estudantes que distingue as cores dos ácidos e bases em aulas de química e fala as cores para os estudantes. Logo, este foi reprogramado para por meio do uso de papel indicador ácido-base para detectar as substâncias junto com os estudantes (Alunos [...], 2018).

Este projeto é um exemplo do que o professor pode replicar em sala de aula, contudo, precisará conhecer sobre montagem e programação de robôs, bem como possuir os kits de robôs como Lego Mindstorm® EV3, Spike Prime®, que são bem onerosos, ou EV5®, EV6®, que são robôs com melhor relação custo-benefício.

Vale ressaltar que os próprios kits disponibilizam a montagem desses robôs humanoides na plataforma deles e são os preferidos pelos estudantes. Contudo, nem sempre tem a programação de algo específico como o deste exemplo aqui. Chegamos a um ponto em que é o momento de aprender a linguagem de programação que esses kits usam, portanto o professor precisará disponibilizar tempo para ler os manuais que ensinam a usar os motores, sensores e cérebro (Hub) do robô na programação.

Em seguida, o docente apresenta o que sabe aos estudantes como o movimento dos motores para adicionar a fita reagente até no tubo de ensaio e realizar o movimento para baixo, esperar alguns segundos e depois subir a fita reagente e assim, por meio de um sensor de cor, ler a cor revelada na fita para então informar por meio do visor do robô o resultado obtido. Não é uma programação difícil de ser realizada, porque a codificação será feita em blocos do modelo de segura e arrasta para a área de programação e depois importar para o robô com algum cabo tipo USB ou via bluetooth.

Contudo, é necessário que os estudantes tenham notebook para enviar o código para o robô, e sabemos que essa não é a realidade da maioria das escolas do país. Então, para oportunizar o acesso, se a escola pode ter somente um kit para a turma inteira é interessante que o robô seja montado e programado pelo professor. Em seguida, salve um print do código criado e coloque em um editor de texto, logo mande para impressão e trabalhem em duplas para que os estudante tentem no papel realizar os encaixes dos blocos e apresentar ao professor que tentará em seu notebook ou computador de mesa as combinações de blocos dos estudantes.

Nesse momento em aula é válido a possibilidade de criar uma disputa na sala de aula e dividir a turma em duas equipes, sendo que as duplas que apresentarem corretamente o desafio pontuam e sobem em um ranking criado pelo docente, engajando a turma.

Ademais, a ideia desta aula também é contextualizar como o ramo da robótica industrial tem evoluído e discutir como a engenharia química e os processos químicos têm se transformado e aliando a robótica em sua cadeia produtiva de modo massivo a partir da investigação científica que esta aula promove. É possível também incluir neste momento de aula o letramento digital ao ensinar aos estudantes a criarem tabelas e gráficos digitais por meio dos resultados obtidos na experiência e apresentar os resultados ao professor.

Outrossim, essa prática não tem como ser realizada em 50 minutos, são necessários pelo menos 200 minutos. A aula poderá seguir a seguinte sequência:

1. Problematização: Apresentar aos estudantes como a indústria tem evoluído no uso de robôs para determinação do Potencial Hidrogeniônico (pH) de substâncias químicas perigosas ou letais e como eles podem ajudar a minimizar os acidentes de trabalho ao evitar que colaborador evite contato com esses produtos químicos.

2. Levantamento de conhecimentos prévios: Nesse momento, o professor questiona os estudantes sobre substâncias químicas do dia a dia deles que podemos usar como exemplos para tentar determinar seu pH em sala de aula. Em seguida, questiona como um robô deveria determinar se essa substância é ácida ou básica?

3. Simulação I – Robótica desplugada: Peça que um estudante simule os movimentos que a turma citar e o professor coordena os movimentos para que fique os mais organizados possível e vai anotando os comandos na lousa. No fim, informa que se eles notarem estão usando os pilares do pensamento computacional para fornecer uma resposta coerente ao problema apresentado.

4. Simulação II - Robótica desplugada: Após essa interação com a turma, solicite que eles formem duplas que você irá disponibilizar uma atividade impressa para que eles realizem a ordem correta da programação de um robô que determina por meio de amostras se a solução é ácida ou básica.

5. Simulação III – Robótica plugada: Esse seria um outro momento em que os estudantes inicialmente montam o robô, programam em softwares específicos e logo, testam o protótipo nas amostras disponíveis no laboratório da escola.

6. Para complementar a aula é interessante que o professor promova algum outro desafio como por exemplo, investigar o equilíbrio ácido-base, o qual consiste em solicitar que os estudantes elaborem um sistema com um ácido fraco e sua base conjugada e então o robô pode adicionar ácido ou base e medir o pH ao longo do tempo. E por fim, discutir os resultados e outras proposições como o momento de equilíbrio do sistema, como a constante de equilíbrio é afetada?

No Quadro 2 apresenta-se exemplos de aulas de química que podem ser realizadas por meio da construção e programação de robôs que usam sensores e atuadores (motores).

Quadro 2. Exemplos de mais dois temas de aulas que podem ser realizadas usando robôs educativos de kits em aulas de química experimental.

OBJETIVO	EXPERIMENTO	DISCUSSÃO
1. Explorar as reações de oxirredução e seus potenciais de eletrodo (Eletroquímica com a robótica educacional).	Criação de uma célula eletroquímica usando eletrodos de metal (como zinco e cobre) e uma solução eletrolítica (como sulfato de cobre) e nesta célula o robô pode medir a ddp (diferença de potencial) entre os eletrodos usando o movimento de motores com um multímetro.	Como a reação ocorre? Qual é a relação entre o potencial e a espontaneidade da reação? Qual o código do robô para executar essa ação?
2. Entender a separação de substâncias com base em suas afinidades com um solvente (Cromatografia com o Robô)	Montar uma coluna de cromatografia com papel-filtro e tintas coloridas, e nesse sistema o robô deve mover o papel e registrar as diferentes cores separadas com uso de sensores de cor.	Como a construção de um infográfico pode representar a montagem do robô e seu código? A respeito da química: Por que algumas cores se movem mais rápido que outras? Como a polaridade afeta a separação?

Fonte: Próprios autores (2024).

As sugestões são um modo de implementar essa tecnologia em sala de aula como uma metodologia que possibilita a emancipação do estudante, claro que já existem kits próprios para ensino de química como os Labdisc, que são eficientes e ocupam pouco espaço. Porém, vale ressaltar a importância da BNCC em fazer acontecer a computação na educação básica e por meio dessas informações tornamos essa meta mais tangível e desmitificada, pois a aplicação depende da apropriação do educador com a tecnologia e sua aplicação.

Além das possibilidades de diferenciação para o estudante sobre Hardware e Software, integrando nessas aulas sete habilidades definidas pela BNCC no componente Computação para o ensino médio, bem como uma retomada de diversas habilidades sobre o eixo pensamento computacional atribuído aos anos finais do ensino fundamental que tratam de linguagem de programação. Corroborando com a habilidade EM13CO16, que trata do desenvolvimento de projetos com robótica, utilizando artefatos físicos ou simuladores.

Enfim, quando se questiona como obter esse nível de conhecimento para planejar aulas assim e não há nenhuma formação em robótica educacional? A resposta é simples, na internet a vários cursos profissionalizantes e gratuitos que podem fazer parte da formação continuada do educador. Assim, recomendamos sites como Ambiente Virtual de Aprendizagem do MEC (AVAMEC), que dá uma base incrível sobre Pensamento Computacional para professores, o moodle dos Institutos Federais do Espírito Santo e o Instituto Federal do Rio Grande do Sul e a Especialização em Robótica Educacional para ensino de matemática da Universidade Federal de Catalão em Goiás.

Além disso, no âmbito de programação pode ser tratado o site Code.org e Hora do código, os quais visam disponibilizar o ensino de programação para diferentes categorias de ensino e aprendizado de forma gratuita. Sendo ele essencial para gerar um pensamento computacional e crítico, corroborando também na criação de conteúdo voltado à química, uma vez que possibilita um melhor treinamento em programação em blocos, porque os Code.org e Hora do código corrigem automaticamente as programações iniciadas e assim o professor pode melhor seu conhecimento.

PROPOSTA DE ENSINO USANDO GAMES E JOGOS NO ENSINO DE QUÍMICA

A seguir, vamos apresentar um contexto histórico sobre a criação de jogos e como eles foram aos poucos tomando espaço como uma ferramenta para ensino de lógica de programação aliados às quaisquer disciplinas, inclusive química.

Nessa perspectiva, tem-se que a criação dos primeiros jogos, origem de um consenso de historiadores, cita-se que ocorreu por volta de 1958. Esses jogos não tinham como principal objetivo entreter, mas sim servir de desvio mental após longos exercícios cansativos e duradouros das bases militares aos jovens presentes nela, sendo esses games voltado para esse principal objetivo.

Da mesma maneira eles não tinham objetivos educacionais, mas acidentalmente essas características estavam presentes neles, uma vez que havia exercícios mentais, visuais e matemáticos. Com o passar dos anos, começaram a criação de jogos realmente voltados à educação e suas respectivas áreas de atuação.

Além disso, a aplicação dos jogos educacionais traz como principal benefício prender a atenção do discente ao assunto abordado, uma vez que eles são nativos digitais, possuindo alto interesse e facilidade de aprendizagem quando voltado a esse material (Burguer; Ghisleni, 2019).

Um exemplo claro temos o Minecraft Education Edition, um recente jogo educacional, de metodologia ativa, do estilo sandbox, que dá liberdade ao jogador, criado por Markus Persson, voltado a programação e química. Nele é disponibilizado mesas de trabalho como a mesa de laboratório, a de criador de elementos, criador de compostos e decompositor de matérias, além de um imenso mundo com infinitas possibilidades, trabalhando além das disciplinas, a criatividade (Kull *et al.*, 2023).

Mediante esses fatores, a aplicação de uma aula nele é simples e dinâmica, o professor escolhe a maneira na qual deseja aplicar, se é ao "ar livre" dentro do game, se prefere construir uma casa ou um laboratório, sendo esse último o mais recomendado. É disponibilizado no inventário de construção diversos blocos para montar qualquer edifício de acordo com a sua criatividade, o mapeamento do terreno e onde os alunos devem construir também pode ser definido, bloqueando a edição do mundo por comando no chat e posicionando blocos de edição onde o mundo deve ser editado.

E há uma ressalva: esse jogo somente está disponível para usuários clientes do jogo ou instituições que possuem e-mail institucional da Microsoft para seus alunos e colaboradores. Logo, uma proposta de ensino usando essa tecnologia pode ser a seguinte:

1. Ao iniciá-lo, o docente deve criar o mundo e realizar o comando para bloquear toda a edição dele; em seguida, posicionar os blocos de edição onde os discentes podem fazer alterações.
2. Para uma aplicação mais agradável é recomendado a criação de uma estrutura que apresenta o assunto a ser abordado e as atividades a serem propostas, da mesma forma o local onde elas podem e devem ser realizadas, por exemplo, um laboratório escola virtual, ou usasse algum modelo já disponível no próprio game.
3. Nesse caso, uma aula voltada para o ensino de química geral como nome de elementos químicos, criação deste por meio da quantidade de nêutrons, elétrons e prótons e além disso, criação de substâncias simples e compostas são possíveis nesse universo. Bem como acesso a Tabela Periódica com todos os elementos químicos.
4. Para a criação, o professor precisa orientar o estudante que os compostos não são obtidos no inventário do criativo. Eles são obtidos apenas criando-os no Criador de compostos. Isso é feito através da inserção de um certo número de elementos correspondente à fórmula química do composto. A Figura 2 ilustra esses compostos e eles podem ser usados em desafios em sala de aula.

Em uma das escolas públicas, o material foi utilizado em uma turma de 3ª série do Ensino Médio que tinha um aluno cego. Este aluno fazia suas anotações com punção e reglete e recebia o apoio de um ledor. Os modelos produzidos serviram de recurso não apenas para trabalhar com esse aluno, mas com toda a turma, que demonstrava maior interesse pelas aulas quando os modelos eram apresentados. Valendo-se do tato, foi possível ensinar Química orgânica, que usualmente depende bastante da visão e de desenhos. Assim, trabalhar com o aluno cego, além de representar um gratificante desafio, permitiu rever antigos paradigmas e readaptar a prática docente quanto à Química Orgânica.

Figura 2. Exemplos de compostos criados dentro do jogo virtual Minecraft Education Edition.

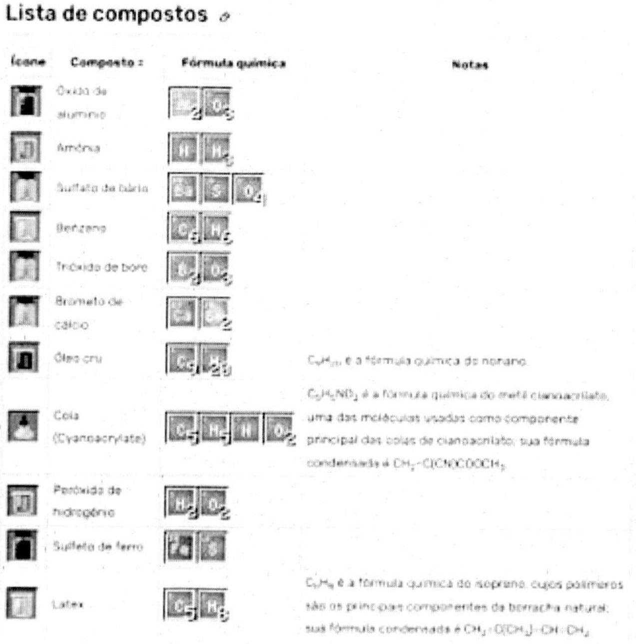

Lista de compostos

Composto	Fórmula química	Notas
Óxido de alumínio	Al_2O_3	
Amônia	NH_3	
Sulfato de bário	$BaSO_4$	
Benzeno	C_6H_6	
Trióxido de boro	B_2O_3	
Brometo de cálcio	$CaBr_2$	
Óleo cru	C_9H_{20}	C_9H_{20} é a fórmula química do nonano.
Cola (Cyanoacrylate)	$C_5H_5NO_2$	$C_5H_5NO_2$ é a fórmula química do metil cianoacrilato, uma das moléculas usadas como componente principal das colas de cianoacrilato; sua fórmula condensada é $CH_2{=}C(CN)COOCH_3$
Peróxido de hidrogênio	H_2O_2	
Sulfeto de ferro	FeS	
Latex	C_5H_8	C_5H_8 é a fórmula química do isopreno, cujos polímeros são os principais componentes da borracha natural; sua fórmula condensada é $CH_2{=}C(CH_3){-}CH{=}CH_2$

Fonte: https://minecraft.fandom.com/pt/wiki/Composto#Ingrediente_da_mesa_de_laborat%C3%B3rio

Outra ferramenta a ser citada é o Scratch, uma ferramenta para a criação de jogos por meio da programação em blocos, lançado em 2007, criado por Mitchel Resnick, sendo uma ferramenta acessível às escolas que possuem computadores e rede de internet em suas unidades. Assim trazendo uma aprendizagem ativa, possibilitando a criação de um jogo desde a montagem de personagens e cenários até a incrementação de conteúdos externos como fotos e vídeos, entregando a liberdade ao criador.

Por não possuir grandes limitações, muitos jogos são criados dentro dele para o ensino. Assim, devido a sua linguagem simples games com conteúdo de química são atrativas propostas a serem abordadas em sala de aula, visto que é possível aliar o entretenimento, o trabalho em equipe, a criatividade em um único objeto de estudo. Os autores Nascimento e Costa (2015) que usaram a ferramenta Scratch para o ensino de química na construção de um jogo abordando o conteúdo de nomenclaturas dos hidrocarbonetos, afirmam que o método utilizado contribuiu para potencializar o ensino de nomenclatura dos hidrocarbonetos, bem como despertou o interesse dos alunos pelo assunto estudado.

Dessa forma, a aplicação educacional dessa plataforma é extremamente versátil e simples, visto que se trata da programação em bloco, tendo como requisito principal a lógica para encaixe dos mesmos e a criatividade para montar um ambiente agradável, interativo e divertido. Tendo como exemplos simples e rápidos, jogos de pergunta e resposta, cálculos breves e pontuação sobre alguma tarefa bem-sucedida.

Ao abrir o site, pode-se apresentar aos alunos os menus de blocos com suas devidas funções a esquerda, o campo onde os blocos devem ser arrastados e posicionados abaixo do outro no centro, e a esquerda a execução da sequência de dados montada (Figura 3).

Figura 3. Ambiente virtual de programação em blocos Scratch

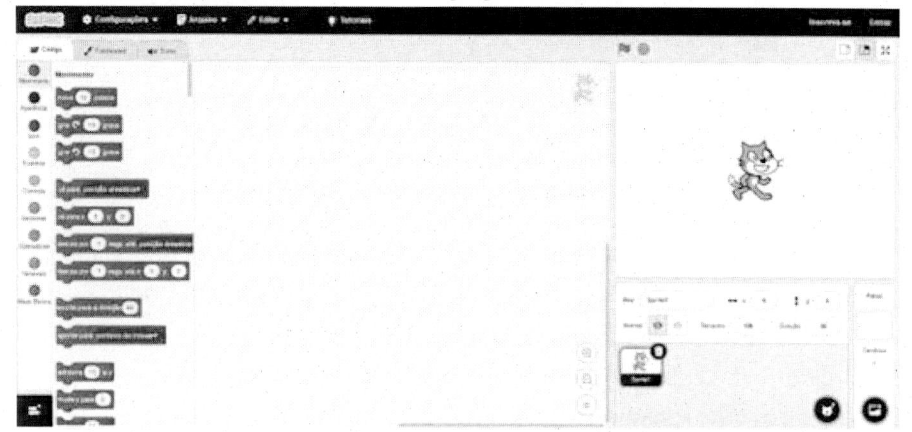

Fonte: https://scratch.mit.edu/projects/editor/?tutorial=getStarted

Podemos enriquecer esse conhecimento na programação usando também o Pictoblox, um site que traz acessibilidade a linguagem de programação para placas como Arduino Uno por meio da codificação em bloco. Dessa forma, sua aplicação se baseia principalmente em uma programação em bloco que é convertida em linha, sendo possível criar vários elementos modernos na robótica, programar leds, criar jogos de em que o led acende baseado na resposta certa ou errada, elucidando aos estudantes conteúdos de eletroquímica e integrando essa temática a possibilidade de gerar games usando led conectados a placa Arduino e as perguntas serem de qualquer conteúdo de química.

Outrossim, podemos apresentar o Microbit, uma extensão física para interação com a programação, ele é uma placa de programação, conhecido mais como computador de placa única, na qual é possível usar o site MakeCode MicroBit para elaborar uma sequência de códigos e transferir ele para a placa. Sendo possível construir programações para utilizar a bússola, o termômetro, acelerômetro e três botões, sendo dois para interação e programação livre e um de reset. Além de uma sequência de Leds vermelhos dispostos em uma matriz 5x5, microfone, micro caixa de som, radio antena e dois pinos de energia.

Todas essas funcionalidades citadas estão presentes na placa com objetivo de por meio da programação recebida executar diversas tarefas a desejo do usuário, como, por exemplo, determinar a temperatura de uma reação química e assim verificar se ela é exotérmica ou endotérmica, ou mais simples, criar um código em que na matriz de LED o professor solicite o desenho de setas para direita e esquerda para por meio de uma dinâmica o professor questionar se o equilíbrio químico de uma reação desloca para a direita ou esquerda.

PROMOÇÃO DA DIVULGAÇÃO CIENTÍFICA DAS EVIDÊNCIAS OBTIDAS APÓS AS AULAS

De acordo com Quadros *et al.* (2013), as olimpíadas, bem como as mostra científicas, incentivam o trabalho em equipe, reforçando hábitos de estudo, o despertar de vocações científicas e os vínculos de cooperação entre equipes de estudantes e professores. Nessa perspectiva, a escola tem a importância de aproximar os discentes dos distintos ramos de saber, tornando-os íntegros e completos, pois essas competições incitam o entusiasmo estudantil.

Logo, um professor que exerce sua função escolar como um mediador do conhecimento a fim de contribuir com o educando o pensamento químico crítico e transformador pode usar essa oportunidade para elaborar uma escrita científica de um projeto apresentado e executado com a participação do discente em sala de aula e assim, buscar competições para apresentar essa pesquisa científica.

O Quadro 3 apresenta as principais competições científicas que um alunos e professores podem se inscrever para apresentar suas pesquisas envolvendo química e robótica educacional, é importante ler o edital e verificar os requisitos para autores principais.

Quadro 3. Competições que aceitam submissão de projetos envolvendo robótica educacional e química.

Nome ou tipo de competição	Site do evento
Mostra Nacional de Robótica	https://mnr.robocup.org.br/sobre/
Hackatoon e Bootcamp	https://hubgoias.org/
Workshop de Robótica Educacional (WRE)	https://submissoes.sbc.org.br/
Encontro Nacional de Química – Universidade Federal do Pará	https://www.even3.com.br/xxiieneq/
Congresso Brasileiro de Química – Categoria Iniciação Científica	https://www.abq.org.br/cbq/trabalhos.html

Fonte: Organização dos autores (2024).

REFERÊNCIAS

ALUNOS aprendem conceitos de química com robô. **Colégio de Aplicação João XXIII, Universidade Federal de Juiz de Fora**, 31 jul. 2018. Disponível em: https://www2.ufjf.br/joaoxxiii/2018/07/31/alunos-aprendem-conceitos-de-quimica-com-robo/. Acesso em: 8 jul. 2024.

BRASIL. Ministério da Educação. **Base Nacional Comum Curricular Computação complemento a BNCC**. Brasília: MEC, 2022.

BÜRGER, C. A. C; GHISLENI, T. S. Educação e jogos: análise educomunicativa sobre a implementação de jogos em ambientes de ensino. **Research, Society and Development**, v. 8, n. 4, p. e4684900-e4684900, 2019.

CAMPOS, F. G. **Currículo, tecnologias e robótica na educação básica**. 2011. 243 f. Tese (Doutorado em Educação) - Pontifícia Universidade Católica de São Paulo, São Paulo, 2011.

KULL, F. C. T. S.; MIRANDA, N. M.; RANZANI, R. C.; GALLO, S. A.; DE LIMA, V. R. Tecnologia de inovação Minecraft Education Edition: uma nova metodologia de ensino. **Revista Amor Mundi**, v. 4, n. 7, p. 123-129, 2023.

MAIA, D. L; DE CARVALHO, R. A; APPELT, V. K. Abordagem STEAM na educação básica brasileira: uma revisão de literatura. **Revista Tecnologia e Sociedade**, v. 17, n. 49, p. 68-88, 2021.

NASCIMENTO, F. G. M; COSTA, T. R. O uso do scratch no ensino de química. Simpósio Brasileiro De Educação Química-SIMPEQUI, 13., 2015. **Anais. Fortaleza: ABQ**, 2015. Disponível em: http://www.abq.org.br/simpequi/2015/trabalhos/90/6486-12833.html. Acesso em: 29 maio 2024.

NAPEAD, UFRGS. **Pensamento computacional**. Disponível em: https://www.ufrgs.br/napead/portfolio?pesquisar=pensamento+computacional&de=2010&ate=2024. Acesso em: 23 maio 2024.

QUADROS, A. L. de; FÁTIMA, A. de; MARTINS. D. C. da S.; SILVA, F. C. S.; FREITAS-SILVA, G. de; ALEME, H. G.; OLIVEIRA, S. R.; ANDRADE, F. P. de.; TRISTÃO, J. C.; SANTOS, L. J. dos. Ambientes colaborativos e competitivos: o caso das olimpíadas científicas. **Revista de Educação Pública**, Cuiabá, v. 22, n. 48, p. 149-163, jan./abr. 2013.

SILVA, A. F. da. **RoboEduc: uma metodologia de aprendizado com robótica educacional**. 2009. 127 f. Tese (Doutorado em Automação e Sistemas; Engenharia de Computação; Telecomunicações) - Universidade Federal do Rio Grande do Norte, Natal, 2009.

TAVARES, T. E; MARQUES, S.G.; DA CRUZ, M. K. Plugando o desplugado para ensino de computação na escola durante a pandemia do Sars-cov-2. *In*: **Anais do Simpósio Brasileiro de Educação em Computação**. SBC, 2021. p. 263-271.

9

POPULARIZANDO CIÊNCIA NO SEMIÁRIDO POTIGUAR

Igor Pacífico Xavier da Silva
Késia Kelly Vieira de Castro
Mônica Rodrigues de Oliveira

INTRODUÇÃO

Nas últimas décadas, o espaço educacional tem buscado aproximar os estudantes da realidade em que vivem, e, com isso, diferentes estratégias são dispostas no âmbito do ensino de Química no intuito de melhorar o ensino e aprendizagem e significar os processos e as transformações que tangenciam as diferentes ciências exploradas na educação básica.

No contexto do ensino de Química, a experimentação destaca-se como um método primordial para investigar cientificamente fenômenos cotidianos, proporcionando uma integração de contextos variados. Conforme Silva, Moura e Nogara (2020), a prática experimental é uma tática valiosa para o ensino de conceitos científicos, pois promove a integração entre o entendimento conceitual e aspectos procedimentais e comportamentais, conforme corroborado por Santos e Menezes (2020). Portanto, é crucial discutir a implementação de experimentos no currículo de Química para reduzir a abstração dos temas tratados e fomentar uma conexão enriquecedora entre teoria e prática, sob uma perspectiva que vincula a Química ao dia a dia.

O processo de ensino e aprendizagem é um desafio para os professores da área de Ciências da Natureza nas escolas públicas, pois as metodologias comumente utilizadas nas aulas teóricas e expositivas não mantêm o aluno disposto a aprender (Gonçalves; Goi, 2022). A química é uma ciência na qual a experimentação contribui positivamente para o desenvolvimento e aprendizagem dos estudantes; contudo, as escolas ainda possuem uma deficiência quanto a espaços apropriados, como laboratórios, reagentes, vidrarias e equipamentos necessários para que ocorra tais atividades (Vieira; Meirelles; Rodrigues, 2011).

No ensino de Química a metodologia experimental, a partir de atividades investigativas, leva os estudantes a terem uma maior visão a respeito dos conceitos envolvidos nas práticas, tornando-os capazes de tomar suas próprias decisões e elaborar seu próprio conhecimento (Reis; Oliveira e Silva, 2015). Para que ocorra tal aprendizado é importante que as práticas a serem realizadas considerem as experiências de cada indivíduo, bem como seu cotidiano (Feitosa, Rocha, Santana, 2017; Jesus, Guzzi Filho, 2017). Ainda nesta perspectiva, eles destacam que no ensino de Química pode-se utilizar problemas ou situações relacionadas ao dia a dia dos estudantes, fazendo uma analogia ao lugar onde residem e as atividades praticadas no local. Segundo Ehlert e Facchin (2022), aulas práticas são importantes para a construção do conhecimento científico e tais práticas auxiliam no desenvolvimento da capacidade de observação, registro e no pensamento crítico a respeito da análise dos dados. Com a experimentação, é possível que os estudantes aproximem os conteúdos teóricos aprendidos em sala de aula com o cotidiano, pois a partir da visualização dos processos químicos envolvidos a associação com os assuntos ocorre de maneira mais simplificada.

Por todo o exposto, é necessário adotar metodologias de ensino alternativas que despertem o interesse e a compreensão dos estudantes a respeito desses conceitos químicos. A partir disso, o presente trabalho tem como objetivo analisar o desempenho de uma bateria feita com latas de refrigerante e materiais de fácil acesso, com funcionamento a partir de uma solução de Hipoclorito de Sódio (NaClO), em que, posteriormente, o protótipo estudado foi aplicado em uma escola da rede pública de ensino na cidade de Mossoró/RN, para que os estudantes tenham conhecimento sobre a produção de energia elétrica de baixo custo a partir da contextualização com a Eletroquímica, alinhando assim o crescimento científico e tecnológico por meio da alfabetização científica dos jovens.

O ENSINO DE ELETROQUÍMICA NAS ESCOLAS PÚBLICAS

Atualmente, a educação é vista como uma prática social essencial, incumbida de fomentar e desenvolver a capacidade formativa dos indivíduos. Isso permite que eles exerçam um papel crítico e consciente dentro de sua comunidade. A educação, em sua essência, não é uma atividade aleatória e isolada; é uma prática organizada que exige dos indivíduos direcionamento, planejamento e o emprego de metodologias variadas e inovadoras para garantir uma aprendizagem aguçada e eficaz. O ensino da Química nas escolas públicas do Brasil enfrenta diversos desafios que impactam a qualidade da educação nessa área, como, por exemplo, a falta de investimentos adequados para a realização de experimentos práticos (Aquino; Silva; Medeiros, 2023).

A ausência de investimentos compromete a execução de experimentos práticos, fundamentais para a assimilação concreta dos princípios químicos. Conforme Guimarães (2009), a predominância de métodos passivos de ensino, que se limitam a exposições teóricas, é uma realidade em instituições públicas de ensino, resultando na desmotivação dos estudantes e na percepção da Química como uma matéria intrincada e distante. Bueno *et al.* (2008) argumentam que a implementação de aulas experimentais requer a consideração de múltiplos aspectos, incluindo a infraestrutura escolar, os materiais e reagentes disponíveis, e a seleção criteriosa de experimentos que evitem riscos de acidentes, ao mesmo tempo em que sejam engajantes e acompanhados de uma fundamentação teórica acessível, permitindo que os estudantes conduzam o processo de aprendizagem. Maria *et al.* (2002) identificam uma lacuna significativa entre o ensino formal de Química e as experiências cotidianas dos estudantes, atribuindo ao modelo educacional brasileiro tradicional, focado na memorização e na resolução mecânica de exercícios, a responsabilidade pelo declínio do interesse dos estudantes pela disciplina.

Giordan (1999) enfatiza a experimentação como um pilar essencial na aquisição de conhecimento científico, oferecendo aos estudantes experiências práticas essenciais. Através da experimentação, os estudantes podem observar fenômenos químicos e interagir com materiais, o que reforça a assimilação dos princípios teóricos. Além disso, a prática experimental fomenta habilidades técnicas, como o uso de equipamentos de laboratório e interpretação de dados, e estimula a reavaliação de conceitos prévios frente a novos dados empíricos.

Bueno *et al.* (2008) salientam que a eficácia do ensino experimental depende de vários fatores, incluindo infraestrutura adequada, seleção de materiais e planejamento de experimentos. Santana (2014) argumenta que mais do que a complexidade, o valor educativo dos experimentos reside na capacidade de promover o interesse e a compreensão dos estudantes.

As práticas experimentais são reconhecidas como uma abordagem eficiente para o ensino de Química, especialmente para temas complexos como a Eletroquímica, frequentemente citada por docentes e estudantes como desafiadora. A Eletroquímica, que estuda a conversão de energia química em elétrica, é um campo de conhecimento essencial que deve ser minuciosamente abordado no ensino médio, conforme Atkins (2012). Santos *et al.* (2018) observam que os estudantes muitas vezes confundem conceitos fundamentais como cátodo e ânodo, devido às sutilezas da disciplina.

A Eletroquímica é um campo de estudo vital para o currículo da educação básica devido à sua ampla aplicabilidade cotidiana, incluindo sua presença em dispositivos como pilhas e baterias, tratamento eletrolítico de água e esgoto, e prevenção da corrosão em metais. Este ramo da Química investiga sistemas que produzem energia elétrica através de reações redox ou que, mediante energia externa, induzem tais reações, como na eletrólise, sendo uma reação eletroquímica caracterizada pela transferência de corrente elétrica via movimento de partículas carregadas, tais como elétrons e íons (Wolynec, 2013).

A eletroquímica trata dos mecanismos de conversão energética presentes em baterias e processos eletrolíticos. Nas baterias, a energia química é convertida espontaneamente em energia elétrica, enquanto na eletrólise, essa conversão é induzida por uma fonte de energia externa, caracterizando-se como um processo não espontâneo (Mahan; Myers, 1997). As células eletroquímicas, compostas por eletrólitos e dois eletrodos, são o palco das reações de oxirredução nas baterias, em que o ânodo (polo negativo) e o cátodo (polo positivo) facilitam a produção de energia elétrica através da movimentação de elétrons (Russel, 1994). Segundo Ticianelli, Camara e Santos (2005), a oxirredução é definida pela transferência de elétrons entre os elementos, com a oxidação representando a perda de elétrons e o aumento do número de oxidação (NOX), tornando o elemento um agente redutor, e a redução implicando o ganho de elétrons e a diminuição do NOX, classificando o elemento como agente oxidante.

PROCESSOS METODOLÓGICOS

O trabalho faz parte das atividades do projeto de extensão Ciência no Parque, que nasceu do desejo de transpor os muros das instituições de ensino, levando Ciência, Educação e Cultura a espaços formais e não formais de educação, visando desenvolver atividades de divulgação e popularização científica em espaços públicos do Semiárido Potiguar.

Para o desenvolvimento da bateria de baixo custo foram utilizadas 10 latas de refrigerante, fios de cobre 1,5mm^2, fio de cobre 2,5mm^2, papel toalha, fita isolante, água sanitária (NaClO), água e LEDs, em que a montagem procedeu-se da seguinte maneira: Com o auxílio de um abridor de latas, retirou-se a parte superior das latas de alumínio. Posteriormente foram desencapados os 10 fios de cobre 2,5 mm^2 com 50 cm de comprimento cada, nos quais foram moldados no formato de uma bobina nos quais foram envolvidas com papel-toalha, deixando uma ponta do fio sem cobertura para que fosse feita a ligação do circuito posteriormente. É importante destacar que a bobina deve estar devidamente bem isolada para evitar a troca de elétrons entre o fio de cobre e o alumínio da lata.

Após a confecção das 10 bobinas foi realizado o preparo da solução de NaClO, em que foram utilizados 100ml de água sanitária (NaClO) e 100ml de água para cada lata. Em seguida, em cada lata de alumínio foi colocada uma bobina, e então foi feita a ligação entre elas, em que conectou-se o fio de cobre de uma bobina no alumínio da lata seguinte, fazendo assim uma ligação em série, onde o cobre é o polo positivo e o alumínio o polo negativo da bateria, para essa ligação foi utilizado o fio de cobre de 1,5mm^2. O circuito foi montado em série, a fim de aumentar a tensão no terminal onde posteriormente seria conectado a carga. Com o auxílio de um multímetro, verificou-se que a voltagem da bateria chegou a aproximadamente 9 volts. Por fim, conectou-se os terminais finais em um LED.

Os materiais utilizados para a confecção da bateria e o esquema de montagem podem ser vistos na Figura 1.

Figura 1. Processo de confecção da bateria e funcionamento

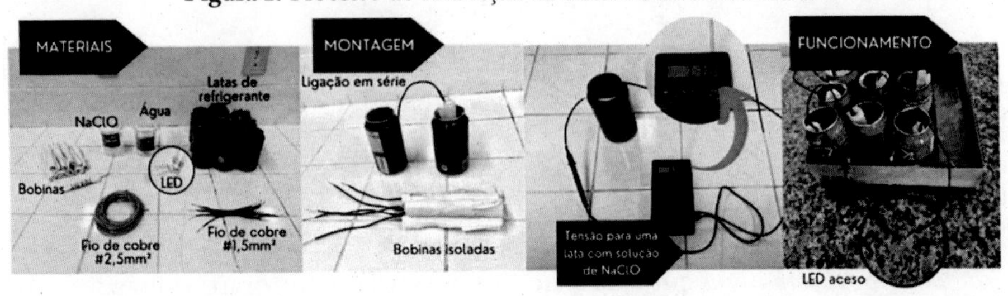

Fonte: Autoria Própria (2024).

Após o desenvolvimento da bateria, a fim de cumprir com os objetivos do presente trabalho, foi realizado um estudo, de forma presencial, com uma turma da 2ª série/ensino médio em uma escola estadual na cidade de Mossoró, Rio Grande do Norte. Com a aprovação da administração escolar e do professor responsável pela disciplina de Química, bem como o consentimento dos estudantes e a permissão de seus responsáveis através do termo de consentimento livre e esclarecido (TCLE), foi possível garantir a participação voluntária dos estudantes no projeto em questão.

Uma proposta didática de 55min/aula foi desenvolvida em 4 etapas: inicialmente, um questionário com cinco perguntas foi aplicado para avaliar o conhecimento prévio dos estudantes sobre Eletroquímica. Em seguida, uma aula expositiva foi realizada para tratar sobre os conceitos de Eletroquímica, incluindo reações de oxirredução e o funcionamento de pilhas e baterias. A contextualização da aula se deu através da discussão com exemplos do conteúdo aplicados ao cotidiano dos estudantes. Depois, foi realizada uma atividade prática para demonstrar o funcionamento de uma bateria utilizando materiais de baixo custo. Por fim, o questionário foi reaplicado para avaliar a compreensão dos estudantes sobre o conteúdo apresentado.

Através das ações do projeto Ciência no Parque, é possível realizar esse diálogo com as escolas sobre temas que envolvem avanços e conceitos sobre Ciência, utilizando uma linguagem de fácil acesso, sem esquecer o Método Científico.

RESULTADOS E DISCUSSÃO

Feito os ensaios com o protótipo desenvolvido, tem-se que o que ocorre no processo de funcionamento é uma reação química entre o oxigênio do ar, a solução de NaClO e o alumínio da lata, no qual o hipoclorito de sódio (água sanitária) torna a água uma boa condutora de eletricidade, pois, ao ser diluído em água, os seus íons (Na^+ e ClO^-) são separados, e a partir disso a corrente elétrica do circuito é gerada devido a movimentação dos elétrons estimulado pela presença de oxigênio do ar. Com isso, no alumínio (ânodo) tem-se a perda de elétrons, ocorrendo assim uma reação de oxidação, e no cobre (cátodo) o ganho de elétrons, o que caracteriza uma reação de redução. O cobre, por ser um bom condutor de eletricidade, tem a função de conduzir a corrente elétrica pelo circuito. Com a tensão gerada pelo sistema montado foram conectados alguns LEDs. Observou-se também que a tensão gerada pelo sistema se manteve constante por um longo período, o protótipo ficou em observação durante 8 horas e não houve nenhuma alteração na tensão gerada.

Seguindo-se com a análise dos resultados da metodologia citada anteriormente, com o intuito de avaliar a aprendizagem prévia dos estudantes a respeito dos conceitos de Eletroquímica, foi aplicado inicialmente um questionário composto por cinco questões, tanto objetivas quanto discursivas. Na primeira e segunda questão tem-se o intuito de avaliar se os estudantes possuem conhecimento da definição de Eletroquímica e aplicações no cotidiano, nas outras, avaliar se eles têm conhecimento a respeito dos conceitos básicos do conteúdo.

Após os estudantes responderem o questionário, iniciou-se uma aula expositiva dialogada. Primeiramente, foram explicados os conceitos teóricos da Eletroquímica, tendo em vista que se tratava de uma turma de 2° ano do ensino médio, na qual ainda não tinham conhecimento a respeito do tema. Posteriormente, conceituou-se as reações de oxirredução de forma contextualizada, citando as suas principais características, onde os estudantes puderam relacionar com a utilização da Eletroquímica no dia a dia. Seguidamente, entrou-se no funcionamento e componentes de uma pilha, mostrando as definições de ânodo e cátodo, agente redutor e oxidante. Por fim, apresentou-se de forma geral, através de figuras, o funcionamento de um sistema eletroquímico, no qual foi explicado como surge a corrente elétrica no sistema eletroquímico capaz de fazer funcionar alguns aparelhos e LEDs.

Ao final da apresentação teórica a respeito da Eletroquímica, foi feita a apresentação da bateria desenvolvida, mostrando os materiais utilizados para a sua confecção, bem como o seu funcionamento a partir das reações de oxirredução. Os estudantes ficaram bastante empolgados com o funcionamento da bateria, principalmente pelo fato de que, no protótipo, não há a presença de qualquer tipo de fonte externa; eles observaram que é possível gerar energia elétrica utilizando apenas materiais de baixo custo, alinhados aos conceitos básicos que envolvem a Eletroquímica. Por fim, em um último momento foi aplicado novamente o questionário, com as cinco perguntas, a fim de avaliar se os estudantes compreenderam o assunto abordado.

ANÁLISE DOS RESULTADOS

Dessa forma, analisando os resultados obtidos através da aplicação dos questionários, no qual as duas primeiras perguntas eram discursivas, pode-se observar pela Tabela 2 que os estudantes tiveram maior dificuldade em citar exemplos da eletroquímica aplicado no seu cotidiano do que ter conhecimento sobre o que é a eletroquímica, visto que a porcentagem de estudantes que não responderam ou erraram a resposta foi maior na segunda questão. Nota-se também que há uma limitação no conhecimento a respeito do uso dos processos eletroquímicos no dia a dia, pois foram apresentadas apenas duas respostas corretas, e uma errada, enquanto o restante não respondeu segunda questão.

Tabela 2. Respostas das perguntas discursivas do questionário antes da experimentação.

Questões	*Questão 1*	*Questão 2*
	O que você entende por Eletroquímica?	Cite uma aplicação da eletroquímica no seu dia a dia.
Não respondeu	15%	25%
Respostas corretas	"Relação entre as reações químicas e a energia elétrica", "produção de energia a partir de reações químicas".	"Pilhas e baterias", "Bateria de automóveis".
Respostas erradas	-	"Energia elétrica na minha residência"

Fonte: Autoria própria (2024).

A dificuldade dos estudantes em responder às questões pode ser atribuída ao tipo de abordagens de ensino utilizadas para explicar os processos da Eletroquímica. Como relatado por Passos *et al.* (2024), a metodologia de ensino convencional no Brasil enfatiza apenas a memorização de fórmulas e equações para a resolução de exercícios, o que acaba diminuindo a atração dos estudantes pelo estudo de Química, e por isso atualmente ainda persiste uma grande dificuldade dos estudantes em relacionar o conteúdo ensinado em sala de aula com as aplicações no dia a dia.

Sendo assim, o uso de abordagens voltadas para a experimentação é eficaz para o desenvolvimento do conhecimento científico (Giordan, 1999). Isso fica evidente com os resultados obtidos das questões mostrados na Tabela 3, em que após a abordagem experimental, os estudantes conseguiram responder corretamente às perguntas sem dificuldade, no qual não houve respostas erradas para ambas as questões, e apenas 5% não responderam a segunda questão. Pode-se perceber também que conseguiram conceituar de forma mais objetiva e correta a respeito do que é a Eletroquímica, como também foram citados mais exemplos de aplicações no cotidiano.

Tabela 3. Respostas das perguntas discursivas do questionário após a experimentação.

Questões	*QUESTÃO 1* O que você entende por Eletroquímica?	*QUESTÃO 2* Cite uma aplicação da eletroquímica no seu dia a dia.
Não respondeu	-	5%
Respostas corretas	"Transformação de energia química em energia elétrica", "Produção de energia elétrica a partir de reações químicas", "Relação das reações químicas com a produção de corrente elétrica".	"Pilhas e Baterias", "Bateria de celulares", "Armazenamento de energia em carros elétricos", "no combate a corrosão", "no tratamento de água e esgoto".
Respostas erradas	-	-

Fonte: Autoria própria (2024).

Como terceira questão do questionário tem-se: "Quais as reações estão presentes nos processos da Eletroquímica?". Pode-se observar que apenas 40% dos estudantes (Figura 2), responderam corretamente que as reações presentes nos processos da Eletroquímica são oxidação e redução na primeira aplicação do questionário, e 100% dos estudantes responderam corretamente à questão após o trabalho com o experimento.

Figura 2. Resultado da terceira pergunta do questionário antes do experimento.

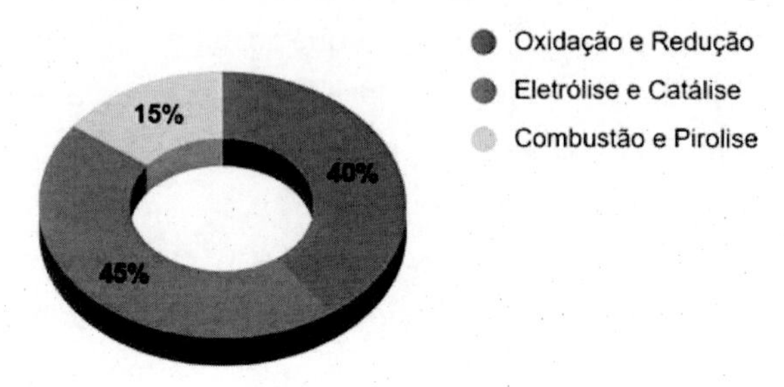

Em seguida, na quarta pergunta do questionário: "O ânodo e o cátodo representam, respectivamente, os polos?", nota-se pela Figura 3 que, antes do experimento, apenas 10% dos estudantes responderam corretamente que o ânodo e o cátodo são respectivamente os polos negativo e positivo.

Figura 3. Resultado da quarta pergunta pré- experimento.

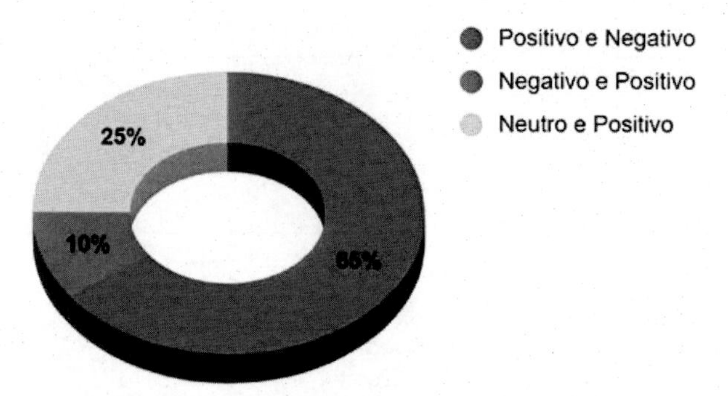

Já após a experimentação, 35% dos estudantes conseguiram assimilar os conceitos apresentados com a prática, o que corrobora com o estudo feito por Freire, Silva Júnior e Silva (2012), em que destaca-se que um dos grandes obstáculos no aprendizado da Eletroquímica é identificar o cátodo e o ânodo em uma pilha.

Analisando a quinta pergunta do questionário, pergunta-se: "Como a corrente elétrica é gerada a partir dos processos da eletroquímica?". Pelo gráfico apresentado na Figura 4, observa-se que, antes da experimentação, apenas 25% dos estudantes responderam assertivamente que a corrente elétrica é gerada a partir da movimentação dos íons presentes na solução.

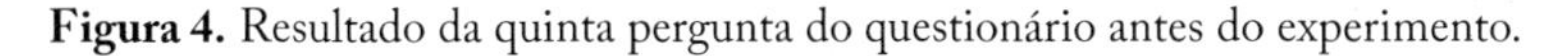

Figura 4. Resultado da quinta pergunta do questionário antes do experimento.

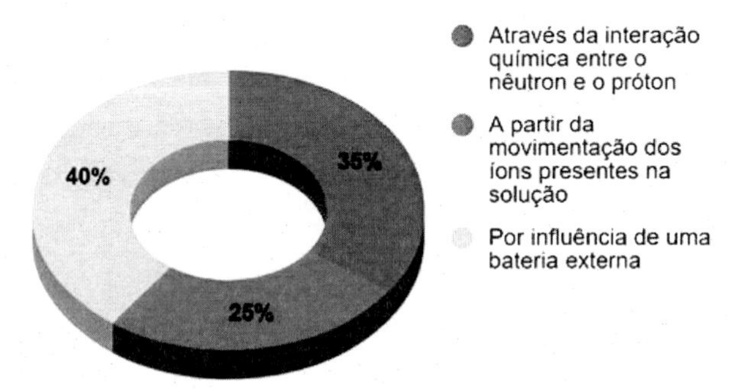

Pós- experimento observa-se pelo gráfico da Figura 4, todos os estudantes acertaram a quinta questão, percebendo-se que, através da experimentação, foi possível que eles relacionassem a explicação da apresentação teórica com os processos químicos que ocorreram no experimento.

Assim sendo, a atividade experimental foi eficaz, pois possibilitou a relação dos assuntos teóricos vistos na aula com o experimento realizado, facilitando a aprendizagem dos estudantes. Como destacado por Giordan (1999), a experimentação possibilita a construção do conhecimento científico, uma aprendizagem mais aprofundada a respeito dos conhecimentos teóricos, permitindo que o aluno vivencie a disciplina de uma forma mais prática e concreta.

Através das atividades desenvolvidas no Ciência no Parque, pretende-se levar conhecimento científico e tecnológico para todas as classes sociais da nossa cidade e, de modo especial, às mais vulneráveis que sofrem com a falta de qualidade no ensino de ciências, principalmente nas escolas públicas. Pensando nesse compromisso, sempre buscamos escolas que atendam a população da periferia e da zona rural, no intuito da alfabetização científica não ser trabalhada apenas dentro da universidade.

A atividade explorada nesta proposta foi além da simples apresentação de teorias, fórmulas ou conceitos da química. Procurou-se explorar situações que despertassem nos estudantes uma visão simplificada e desmistificada dos fenômenos científicos presentes no cotidiano.

CONSIDERAÇÕES FINAIS

A iniciativa visou promover entre os estudantes do ensino médio a compreensão da relevância da Eletroquímica, que se manifesta em diversos aspectos do cotidiano, como o uso de dispositivos eletrônicos, carregadores veiculares, armazenamento de energia em áreas isoladas e processos de tratamento de água e esgoto.

A bateria demonstrou ser um recurso didático valioso para o ensino de Eletroquímica, destacando-se pelo custo acessível, pela facilidade de obtenção dos materiais e pela simplicidade de montagem. Sua eficácia educacional foi evidenciada quando acompanhada de explicação teórica, permitindo aos estudantes a observação prática dos conceitos discutidos em sala de aula.

Os resultados obtidos indicam que os estudantes assimilaram adequadamente os conceitos de reações de oxirredução e reconheceram a importância do assunto, estabelecendo assim a conexão entre a teoria apresentada e as aplicações práticas no dia a dia. Portanto, a abordagem contextualizada e experimental do conteúdo químico mostrou-se fundamental para um aprendizado mais significativo, resultando em maior participação e interesse dos estudantes, que puderam correlacionar os conceitos de Eletroquímica com experiências de sua vida diária, reforçando assim a integração entre teoria e prática.

REFERÊNCIAS

AQUINO, P. C. F.; E SILVA, J. C.; MEDEIROS, S. K. Ensino de circuitos elétricos pela teoria da aprendizagem significativa: contextualização no ensino e aprendizagem de física. **Contribuciones a las Ciencias Sociales**, v. 16, n. 9, p. 13879–13902, 2023.

ATKINS, P.; DE PAULA, J. **Físico-Química:** Fundamentos. v. 1. 9. ed. São Paulo: LTC, 2012.

BUENO, L.; MOREIA, K. C.; SOARES, M.; DANTAS, D. J.; WIEZZEL, A. C. S.; TEIXEIRA, M. F. S. **O ensino de química por meio de atividades experimentais**: a realidade do ensino nas escolas. Universidade Estadual Paulista Júlio de Mesquita Filho. Faculdade de Ciências e Tecnologia, Presidente Prudente, p. 34, 2008.

EHLERT, M. J. H.; FACCHIN, T. H. S.; ANTUNES, M. A importância da experimentação no ensino de ciências: uma proposta transformadora com alunos de ensino fundamental. *In*: 41º ENCONTROS DE DEBATES SOBRE O ENSINO DE QUÍMICA. **Anais** [...] Pelotas, n. 41, 2022.

FEITOSA, E. M. A.; ROCHA, J. I.; SANTANA, I. C. H. Investigando a contribuição de experimentos contextualizados na aprendizagem de conceitos químicos por alunos de escola na zona rural. *In*: ENCONTRO NACIONAL DE PESQUISA EM EDUCAÇÃO EM CIÊNCIAS, 11, 2017, Florianópolis. **Anais** [...] Florianópolis, 2017.

FREIRE, M. S.; SILVA JÚNIOR, C. N. S.; SILVA, M. G. L. **Dificuldades de aprendizagem no ensino de eletroquímica segundo licenciandos de química.** Temas de ensino e formação de professores de ciências. Natal, RN: EDUFRN, p. 181-192, 2012.

GIORDAN, M. O papel da experimentação no ensino de ciências, **Química Nova Na Escola**, V. 10, n. 10, p. 43-49, 1999.

GONÇALVES, R.. P. N.; GOI, M. E. J. Experimentação como proposta metodológica para o ensino de Química na Educação Básica. **Revista Educar Mais**, [S. l.], v. 6, p. 687–703, 2022.

GUIMARÃES, C. C. Experimentação no ensino de química: caminhos e descaminhos rumo à aprendizagem significativa. **Química Nova Na Escola**, v. 31, n. 3, p. 198-202, 2009.

JESUS, D.; GUZZI FILHO N. J. Preparando um café no laboratório de química: investigação de uma abordagem para conceitos de química através do desenvolvimento de uma situação de estudo com o tema café. In: ENCONTRO NACIONAL DE PESQUISA EM EDUCAÇÃO EM CIÊNCIAS, 11, 2017. Florianópolis. **Anais** [...] Florianópolis, 2017.

MAHAN, B. H; MYERS, R. J. **Química:** um curso universitário. 4. ed. São Paulo: E. Blucher, 1997.

MARIA, L. C. S.; AMORIM, M. C. V.; AGUIAR, M. R. M. P.; SANTOS, Z. A. M.; CASTRO, P. S. C. B. G.; BALTHAZAR, R. G. Petróleo: um tema para o ensino de química. **Química Nova Na Escola**, n.15, p. 19-23, mai. 2002.

PASSOS, M. S.; SANTOS, C. R.; ARAÚJO, W. C.; VITÓRIO, M. A. P.; OLIVEIRA, L. R. Abordando conteúdos conceituais através da experimentação e linguagem acessível em mostra de ciências: um relato de experiência na semana nacional de ciência e tecnologia. In: SANTOS, C. R. S.; PASSOS, M. S. (org). **Ciências básicas para o desenvolvimento sustentável.** Científica digital, 2024. p. 10-30.

REIS, N. A.; OLIVEIRA, C. B. A.; SILVA, E. L. Buscando discutir história da ciência por meio de atividades investigativas no âmbito da formação inicial de professores. In: ENCONTRO NACIONAL DE PESQUISA EM EDUCAÇÃO EM CIÊNCIAS, 10, 2015. Águas De Lindóia, SP. **Anais** [...] Águas De Lindóia, 2015.

RUSSELL, J. B. **Química Geral**. V. 2. São Paulo: Makron Books, 1994.

SANTANA, I. S. **Elaboração de uma unidade de ensino potencialmente significativa em química para abordar a temática água.** 2014. 153 p. Dissertação (Mestrado Profissional em Ensino de Ciências Naturais e Matemática) - Centro de Ciências Exatas e da Terra, Universidade Federal do Rio Grande do Norte, Natal, 2014.

SANTOS, L. R.; MENEZES, J. A. A experimentação no ensino de química: principais abordagens, problemas e desafios. **Revista Eletrônica Pesquiseduca**, v. 12, n. 26, p. 180-207, 2020.

SANTOS, T. N. P.; BATISTA, C. H.; OLIVEIRA, A. P. C; CRUZ, M. C. P. Aprendizagem ativo-colaborativo-interativa: inter-relações e experimentação investigativa no ensino de eletroquímica. **Química Nova na Escola**, v. 40, n. 4, p. 258-266, 2018.

SILVA, A. L. S. da; MOURA, P. R. G. de; NOGARA, P. A. A model of systematization to experimentation in Science Teaching: Problematized Experimental Activity (PEA). **Research, Society and Development**, *[S. l.]*, v. 9, n. 7, p. e187974012, 2020. DOI: 10.33448/rsd-v9i7.4012.

TICIANELLI, E. A.; CAMARA, G. A.; SANTOS, L. G. Eletrocatálise das reações de oxidação de hidrogênio e de redução de oxigênio. **Química Nova**, v. 28, p. 664-669, 2005.

VIEIRA, E.; MEIRELLES, R. M. S.; RODRIGUES, D. C. G. A. O Uso de Tecnologias no Ensino de Química: A Experiência do Laboratório Virtual Química Fácil. In: ENCONTRO NACIONAL DE PESQUISA EM EDUCAÇÃO EM CIÊNCIAS, 8, 2011. Campinas, SP. **Anais...**, ABRAPEC: Campinas, 2011.

WOLYNEC, S. **Técnicas eletroquímicas em corrosão.** São Paulo: Editora da Universidade de São Paulo, 2013.

10

A METODOLOGIA DE PROJETOS INVESTIGATIVOS COMO CAMINHO PARA MELHORIA NO DESEMPENHO DA APRENDIZAGEM DE QUÍMICA

Valkiria Venancio,
Gislaine Aparecida Barana Delbianco,
Raildis Ribeiro Rocha,
Roney Staianov Caum

INTRODUÇÃO E JUSTIFICATIVA

Este relato partiu de experiências vividas e refletidas em ações, estudos e aprofundamentos dos próprios autores. Cada um experienciou momentos de orientação e desenvolvimento de projetos investigativos com alunos, como também em formações de professores em iniciação científica e tecnológica na Educação Básica (EB). Apresentamos aqui as dificuldades e possíveis soluções, além de depoimentos de professores, gestores e alunos sobre a importância desta metodologia e o quanto foi um agente transformador nas suas vidas e na de outros.

O desencanto dos estudantes pela carreira científica e pelas aulas de ciências tem promovido a necessidade de identificar as percepções dos jovens em relação às suas aulas e o papel da Ciência na sociedade. Nesse sentido, o projeto internacional The Relevance of Science Education (ROSE) revela que o jovem brasileiro considera a ciência escolar interessante, apesar de não ter preferência por ela em relação a outras disciplinas, mas, apesar disso, tanto meninas quanto meninos têm pouco interesse em ingressar na carreira científica. A lacuna existente entre o interesse pela ciência escolar e o interesse pela carreira nos impõe a necessidade de aprofundar estudos sobre o tema (Gouw; Bizzo, 2016).

Para os idealizadores do projeto ROSE, a "[...] falta de relevância do currículo de C&T é provavelmente uma das grandes barreiras para a compreensão do tema, bem como para o maior interesse no assunto", por isso, o projeto procura trazer perspectivas teóricas e empíricas para discussões mais fundamentadas sobre como melhorar o currículo e aumentar o interesse dos alunos em relação à ciência e à tecnologia (C&T) (Gouw e Bizzo, 2016).

Este estudo que iniciou há mais de 15 anos nos indica que poucos avanços foram observados, pois, na última avaliação do Pisa 2022 (Brasil, 2023), o desempenho médio brasileiro em ciências foi de 403 pontos, resultado inferior às médias do Chile (444), Uruguai (435) e da Colômbia (411). De 81 países participantes somos o 62º lugar na área, na América do Sul, o Brasil fica em último lugar, empatado com Argentina e Peru. Entre os brasileiros, 55% registraram baixo desempenho na disciplina (abaixo do nível 2) e 1% atingiu alto desempenho (nível 5 ou superior) (Brasil, 2023). Ainda avaliando os resultados do Pisa 2022 (Brasil, 2023), podemos afirmar que o desempenho escolar geral do país está abaixo da média não somente no sistema público, mas também no privado, e isso mostra que os alunos brasileiros estão estagnados em níveis bastante insuficientes de aprendizado e abaixo da média internacional (Guimarães, 2024).

Carência de professores, carga horária reduzida e excesso de conteúdo cobrado pelas avaliações institucionais externas como o Enem, levam ao impasse, pois mesmo com reforma do Novo Ensino Médio implantada há 3 anos, podemos afirmar que os problemas continuam os mesmos nas escolas: falta infraestrutura (salas de aula, laboratórios, acesso à rede etc.), formação inadequada dos professores e gestores, diminuição da carga horária de disciplinas essenciais, inexistência de tempo para planejamento dentre outras necessidades para o bom funcionamento da escola (Santos; Tenente; Calgaro, 2023).

A Reforma do Ensino Médio na área de Ciências da Natureza nos leva a refletir que para atender às competências almejadas é seguro aplicar metodologias ativas (MA). Tomamos como exemplo a competência nº 3 da Base Nacional Curricular Comum (BNCC) que aponta:

> Analisar situações-problema e avaliar aplicações do conhecimento científico e tecnológico e suas implicações no mundo, utilizando procedimentos e linguagens próprios das Ciências da Natureza,

> para propor soluções que considerem demandas locais, regionais e/ou globais, e comunicar suas descobertas e conclusões a públicos variados, em diversos contextos e por meio de diferentes mídias e tecnologias digitais de informação e comunicação (TDIC) (Brasil, 2018a, p. 544).

Os estudos realizados por Angelo *et al* (2023), buscou analisar e descrever as principais evidências científicas sobre as MA, assim como, as teorias, implementação e modelos aplicáveis nas instituições de ensino. O resultado obtido indicou que essas metodologias são amplamente utilizadas nas Instituições de Ensino Superior, especialmente nos cursos de saúde e nas pós-graduações e que há também a inserção de MA na EB. O objetivo dessas metodologias é romper com o modelo existente e desenvolver habilidades críticas nos alunos, além de fortalecer o trabalho em equipe e integrar teoria e prática. O processo de aprendizagem está relacionado à realidade dos estudantes e à capacidade dos docentes de assimilar o ensino com o cenário atual do aluno e seu propósito é transformar não apenas o processo educacional, mas também a realidade social e política.

O ENSINO DE QUÍMICA E METODOLOGIA DE PROJETOS INVESTIGATIVOS

Como dito, uma escola despreparada, considerando a pluralidade cultural existente na sala de aula, aliada a passividade dos estudantes e o desinteresse pelo estudo e pesquisa nas áreas de ciências nos remete à importância da reflexão sobre a educação científica e a urgência de mudança de paradigmas nas aulas de Ciências da Natureza (Luca; Piuco, 2022).

E neste caminhar, em um mundo mais digital e conectado, visualiza-se o conhecimento como algo integrado e não compartimentado como é apresentado aos estudantes nas escolas. Esse agrupamento das informações multimodais e interdisciplinares, proporcionado pelas tecnologias digitais da informação e da comunicação (TDIC), no corriqueiro da vida, demonstra a necessidade de um olhar mais cuidadoso para o estudo da Ciência, mais especificamente a química, por falta da sua percepção no dia a dia.

Objeto de estudo escolar, a química, apresentada expositivamente ao aluno e não experienciada, desconectada do seu conhecimento construído e incorporado pelos seus afazeres, desestimula a busca, a descoberta, a curiosidade e aplicações. Assim, as MA como estratégias de ensino e de aprendizagem, onde o aluno é desafiado a pensar, refletir, criar e apresentar, podem fomentar seu aprendizado e sua compreensão.

Dentre os diversos tipos de metodologias ativas que podem ser abordadas no contexto do ensino de Química (não somente) listadas por Silva Leite (2020) : aprendizagem baseada em problemas/projeto/jogos, instrução por pares, estudo de caso, ensino sob medida, gamificação, método POE (Previsão, Observação e Explicação), sala de aula invertida, aprendizagem pela pesquisa, pensamento compartilhado em pares, aprendizagem *maker*, *Design Thinking*, rotação por estações, aprendizagem tecnológica ativa (Silva Leite, 2020, p.6), os autores trazem suas experiências com a metodologia de projetos fundamentada na Aprendizagem Baseada em Problemas e Projetos (PPBL). No entanto, cabe lembrar que os professores ao escolherem esse caminho devem se preparar para "sair da caixa" em situações inusitadas, além de ajustar as pesquisas dos alunos às suas condições de trabalho no momento que, por meio de abordagem interdisciplinar, se torna um facilitador do aprendizado e parceiro especialista na pesquisa científica como visto nas imagens (Figura 1) (Delbianco; Delbianco, 2021).

Figura 1. Na sequência: Coleta em campo (1 e 2), teste de indicador em produtos cotidianos e demonstração por alunos.

Fonte: autora Gislaine Delbianco.

Nas palavras de Luca e colegas "para que os professores desenvolvam pesquisa é essencial que vivenciem na sua prática de forma constante a pesquisa" (Luca *et al.*, 2022, p.51) e nada mais efetivo que fazê-lo junto com seus alunos no movimento de vivenciar e aprender juntos, em uma dinâmica de ação-reflexão-ação enfatizada nas obras de Paulo Freire. Cabe lembrar que, pelo fato desse processo de desenvolvimento da pesquisa e valorização da ciência, ir além dos muros escolares, é imprescindível o incentivo da gestão escolar e proposições dispostas no Projeto Pedagógico da escola (Luca *et al.*, 2022).

> "A IC é um espaço privilegiado de desenvolvimento e da busca de conhecimento para a escola [...] é promissora e traz grandes conquistas aos envolvidos no processo [...] os alunos começam a ver os resultados e encorajam-se a fazer ciência [...] é atividade de grande importância no momento atual onde há uma infinidade de informações que chega às pessoas, muitas vezes fora de contexto ou com o intuito de gerar desinformação" (Depoimento de diferentes professores in Luca *et al.* 2022, p. 53).

> "A IC impacta positivamente na escola [...] a escola que oportuniza o desenvolvimento de projetos a todos os alunos possibilita a eles experiências com métodos modernos [...] na comunidade a IC tem significativo impacto, através das suas pesquisas e projetos eles têm condições de modificar o seu entorno, a partir de problemas encontrados na própria comunidade e pensar na solução, o professor é a parte fundamental do projeto de IC, um bom professor é um bom pesquisador e sua formação é essencial, a escola precisa oferecer condições para o professor se atualizar" (Silene, diretora de escola pública, 2021).

A aprendizagem por meio da metodologia de projetos investigativos, via PPBL, de problemas da vida real dos estudantes, colabora para uma experiência educacional que permite protagonismo, autonomia, pertencimento, criatividade, criticidade, autoria, argumentação dentre outras competências e habilidades demarcadas no decurso de sua estrutura de desenvolvimento (Venancio, 2023).

A PPBL exige rigor e ética, disciplina e perseverança, resiliência e amor, tanto dos professores quanto dos alunos, em razão de que a comunicação dos resultados da pesquisa em diferentes meios, seja em evento acadêmico, revistas ou feiras científicas, oportunizam interagir com outros pesquisadores e trazem reconhecimento a ambos, inclusive se espalha para além dos portões da escola proporcionando visibilidade profissional. Os estudantes salientam após apresentarem seus projetos em feiras científicas, que:

> "Estar na Feira foi muito especial para mim, pois pude ver em um dia os resultados de um ano de dedicação de toda minha equipe do projeto. Foi muito especial, porque através dos feedbacks dos avaliadores e professores eu pude ter mais convicção e certeza do que eu queria seguir na minha vida, e é seguir com pesquisa" (estudante Giovane, 2021).

> "[...] participei de três feiras, onde consegui desenvolver a minha habilidade de comunicação, interagi bastante com profissionais da minha área de estudo, depois disso eu ingressei na faculdade já sabendo que eu queria fazer iniciação científica" (estudante Gabrielle, 2021).

> Participar (em visita) da Feira foi um show (2017), pois tinha muita coisa diferente [...] meu trabalho não foi aprovado para Mostra [...] a professora primeiro explicava pra gente todo processo de desenvolver o TCC, essas coisas que a gente veria mais futuramente na faculdade [...] a gente tinha que fazer o curso do APICE (Aprendizagem Interativa em Ciências e Engenharia) e apresentar o certificado e depois a gente ganhava um caderninho que a gente começava a escrever sobre o projeto (diário de bordo) [...] isso já me deu um pontapé para bolsa de iniciação científica, para entrar na Universidade mesmo, porque muitas vezes a gente não sabe nem

> o que vai fazer na carreira acadêmica e lá a gente tem um passo de como seria (estudante Anderson, 2023).

Por meio de uma leitura crítica do mundo e das tecnologias, com a necessidade implícita de argumentação a partir da observação de seu entorno, estudos e análises de soluções já existentes, os alunos constroem aos poucos seu conhecimento científico. Por fim, o trabalho com projetos investigativos constrói uma ponte entre os conteúdos curriculares e as competências pessoais de expressão/compreensão, argumentação/decisão e contextualização/abstração (São Paulo, 2014; Brasil, 2018b), mas essa ponte parece ainda não ser percebida pelos professores. Nessa reflexão crítica sobre a sua práxis cotidiana acredita-se que o professor se reconstrói diante do fato de que muito da aprendizagem ocorre pela necessidade e experiência vivida além dos muros da escola e assim novos papéis surgem para o professor: o de estimulador de criatividade e motivador de consciência, um comentarista crítico e companheiro na procura do novo, junto à geração instantânea desta sociedade (D'Ambrosio *apud* Mesquita, 2014, p. 14).

APRENDIZAGEM ATRAVÉS DE PROJETOS E A OPORTUNIDADE DE PARTICIPAÇÃO EM FEIRAS DE CIÊNCIA

A participação de professores e alunos em eventos científicos como feira (ou olimpíadas) se apresenta como uma das possibilidades para auxiliar nesse processo de levar os conhecimentos adquiridos em sala de aula para fora dos portões da escola. Pois,

> "a feira desenvolve no aluno a ação democrática de participação coletiva. Permite a troca de experiências, libera o aluno para um pensar criativo em que a sua capacidade de comunicação é exercitada. Consequentemente, após atuar em uma feira de ciências, nosso aluno retornará à sala de aula com maior capacidade de decisão em relação aos problemas do nosso cotidiano" (Borba, 1996, p. 43).

Aqui a intervenção docente no processo de ensino-aprendizagem, por meio do seu novo papel, inclusive não se limitando ao espaço físico em que a instituição se encontra, quebra determinadas barreiras e o estimula a transformar realidades no meio em que está inserido. Nesse sentido, Oliveira e Vasques (2021) reforçam que "a pesquisa científica no âmbito escolar é de grande valor, como meio de aprendizado e um instrumento inestimável para aprofundar os conhecimentos construídos em sala de aula" transformando o seu entorno (Oliveira; Vasques, 2021, p.1242), vide acervo de projetos participantes da Febrace (Figura 2).

Figura 2. Na sequência: Geração de energia sustentável a partir de algas verdes e produção alternativa de biocombustível (2015); Etanol obtido a partir de laranjas impróprias para a comercialização (2016); Do cafezinho ao carvão ativado: usando borra de café para tratar efluentes têxteis (2024); Dia dos avaliadores na Feira (2023).

Para Freire (1996), "o papel do professor é ajudar os alunos a desenvolverem sua consciência crítica, sua capacidade de transformação do mundo" (Freire, 1996, p. 33). Nesse sentido, a figura do professor, capaz de mobilizar seus alunos e estimular a aplicação dos conhecimentos adquiridos em sala de aula em contextos reais e, principalmente, capaz de mobilizar é essencial em todo esse processo. Conforme Pontes (2022), "o professor deve ser um sujeito que estabelece com destreza e criatividade os conhecimentos teóricos e práticos baseados em uma aprendizagem significativa sobre o cotidiano do aluno" (Pontes, 2022, p. 138).

Um grande exemplo da importância em estimular os jovens é do professor Ricardo Ferreira da Fonseca, com Licenciatura e Especializações em Biologia e Química, que atuou por cerca de 44 anos, dedicando grande parte desse período ao uso da metodologia de projetos para engajar seus alunos a serem agentes na transformação de problemas locais. Para divulgar os projetos desenvolvidos pelos estudantes, estimulou a inscrição em feiras de ciências nacionais. Com o tempo, a quantidade de estudantes, professores e até mesmo outras escolas na região do Cariri, no Ceará, foi tamanha, que, inevitavelmente, organizou a Mocica para que maior quantidade de estudantes tivessem a oportunidade de apresentar seus trabalhos, trocar experiências e conhecimentos com jovens de toda parte do Brasil.

Como autor, eu Roney, relato minhas experiências nesse processo de mobilizar os estudantes a ultrapassarem os limites das salas de aula, pois participar da primeira feira de ciências foi um divisor de águas na minha carreira. A oportunidade de sair do ambiente convencional da sala de aula e explorar novos contextos foi extremamente enriquecedora. A partir desse momento, houve uma transformação significativa no meu papel como professor na escola. Os eventos científicos passaram a ser uma grande motivação para apresentar aos alunos diversas possibilidades, incentivando-os a serem protagonistas de seu próprio aprendizado. Dois anos depois, já não conseguia mais dar conta de auxiliar os estudantes com tantas ideias para desenvolver projetos. A MOP refletiu esse crescimento ao apresentar 20 projetos no evento. Em 2013, tivemos a participação de 168 alunos no tradicional Prêmio Jovem Cientista, evidenciando o impacto positivo dessa abordagem educacional. Desde então, a escola participa anualmente de diversos eventos científicos no Brasil e no exterior, experiência que tem sido enriquecedora para alunos e professores que se engajaram com a metodologia.

É fundamental ressaltar que essa trajetória é marcada por muitas agruras ao longo do caminho. Houve desconfiança por parte de alguns colegas de profissão, falta de apoio institucional e a necessidade de buscar inúmeras alternativas para levantar recursos para a efetivação da participação dos projetos nos eventos científicos. Apesar de todos esses desafios, a possibilidade de transformar a educação e fazer a diferença na vida dos alunos superaram os obstáculos e deu ainda mais sentido à minha profissão de professor.

Em suma, cabe dizer que tais dificuldades não é exceção, mas sim via de regra, pois, durante as participações nas Feiras externas, os professores ficam muito emocionados e desabafam a falta de apoio, o ciúmes dos alunos que desistiram no meio do caminho e dos professores que se recusam a mudar sua prática e torcem para seu fracasso. Há falta de apoio ao professor que atua com PPBL e é enorme o número de docentes que desistem por cansarem de resistir.

RESULTADOS POSITIVOS DA METODOLOGIA DE PROJETOS NA ESCOLA PÚBLICA

Projetos científicos feitos por jovens estudantes são semelhantes aos que vemos na academia, talvez com menor profundidade e menos oportunidade de realizar ensaios técnicos, mas seguem o mesmo método científico, contam com a realização de experimentos simples e pesquisas bibliográficas para responderem questões, testar hipóteses ou resolver problemas. As oportunidades que os jovens recebem na escola é um modo de torná-los aptos ao fazer científico e continuar na graduação.

Os projetos investigativos na EB, ensino médio e fundamental, são desenvolvidos de maneira bastante protagonista pelos estudantes que tomam a frente de suas pesquisas adquirindo habilidades na resolução de problemas, comunicação eficaz por meio da leitura, escrita, audição, fala e trabalho em equipe.

Em escolas de período integral há mais oportunidade para que estudantes desenvolvam projetos, pois oferecem disciplinas eletivas de iniciação científica (IC), criam clubes juvenis de ciências ou oferecem aulas práticas experimentais despertando novas vocações em C&T. Nessas escolas é comum a implementação de Mostras científicas anuais, filiadas ou não a outras feiras regionais e nacionais.

De acordo com a Unesco (2012), todos os jovens precisam ter três tipos de habilidades: básicas, transferíveis e técnicas. Básicas como a leitura, escrita e cálculo; transferíveis como a capacidade de resolver problemas e comunicar ideias e informações com eficácia, criatividade, liderança, consciência e empreendedorismo; por fim a formação técnica e profissional (Unesco, 2012, p. 23-24).

Percepções de estudantes que participaram de Projetos de Iniciação Científica e reafirmam sua importância

> "Quando entrei no ensino médio, havia um grupo de alunos participando de feiras de ciências, o que despertou minha curiosidade. A oportunidade de fazer parte dessa atividade surgiu, e quando comecei minhas pesquisas, não imaginava a grandeza dessa experiência nem qual era o papel social de um cientista [...] A IC foi

um marco na minha vida, pois me permitiu explorar temas relevantes, buscar soluções para problemas e desenvolver meu senso crítico e autonomia como cidadã. Além disso, conheci diversas culturas através das feiras de ciências, expandindo minha visão de mundo e me encontrando como pessoa. Antes da IC, não tinha certeza sobre qual carreira seguir, mas me apaixonei tanto por essa área que decidi cursar Engenharia Química. Atualmente, como graduanda na UFSão Carlos, também desenvolvo projetos de pesquisa vinculados ao CNPq e ao Ministério da Educação, algo que só foi possível graças à oportunidade que tive no ensino médio. Essa experiência não só abriu portas na graduação, mas também facilitou meu trabalho por já ter tido contato prévio. Nas apresentações de resultados para a banca de orientação ou em congressos, recordo-me das feiras de ciências [...]. Essas lembranças incluem os ensinamentos da professora Raildis (autora) sobre como apresentar, argumentar e explicar minhas pesquisas, tornando tudo mais fácil. Sou extremamente grata à professora por essa oportunidade que transformou minha vida (estudante Lorena, 2024).

"Atualmente sou aluno na Fatec Campinas (SP) no curso de tecnologia em processos químicos e aluno de iniciação científica no Instituto de Tecnologia de Alimentos (Ital). Me vi imerso na ciência durante o ensino médio, participando de feiras científicas da escola e, durante o ano de 2021, fui agraciado com uma bolsa Pibic-Júnior [...] a imersão na IC foi muito importante para a minha vida acadêmica. Com o projeto desenvolvido em 2021, conquistei o 1º lugar em ciências agrárias na 9º Mostra de Ciências e Tecnologia Instituto 3M e 1º lugar em Incentivo a Pesquisa no Ciência Jovem. [...] Desenvolver um projeto no ensino médio foi um caminho para decidir minha profissão, me formo esse ano e pretendo ingressar em um programa de pós-graduação na área de C&T de alimentos" (estudante Edson, 2024).

"Sou técnico em Química formado pela Etec Conselheiro Antônio Prado, onde tive a oportunidade de realizar estágio na 3M, onde teve início. Durante meu estágio, pude aplicar meus conhecimentos teóricos em um ambiente industrial, participando de projetos e experimentos que enriqueceram minha formação técnica e profissional. Atualmente, sou aluno do curso de Farmácia na Universidade São Francisco. Minha formação técnica em química

> e a experiência adquirida no estágio me proporcionaram uma base sólida para enfrentar os desafios do curso, onde continuo a expandir meus conhecimentos em ciências químicas e farmacêuticas. Minha trajetória educacional e profissional reflete a importância de investir em projetos de IC desde o ensino médio. Acredito que essa experiência não só enriquece a formação acadêmica, mas também prepara os alunos para uma carreira científica de sucesso" (estudante Giovane, 2024).

Esses depoimentos validam o quanto a IC é um poderoso instrumento de transformação de vida dos estudantes. Depieri (2014), em sua tese, investigou as percepções dos estudantes que participaram em feiras de ciências, percebeu que os estudantes declaram diversas habilidades e competências que foram desenvolvidas e aprimoradas pelo desenvolvimento de projetos investigativos. Os alunos revelam que o que mais desenvolveram foi a comunicação oral, trabalho em equipe e tomada de decisões. Além disso, a pesquisa mostrou que a participação em feiras de ciências reflete em uma escolha de carreira mais consciente. Esses estudantes relatam que a IC foi importante para direcionar uma escolha de curso de graduação.

Os depoimentos dispostos e a pesquisa de Depieri confirmam que a experiência de realizar um projeto investigativo orientado pelo professor na EB é uma forma de estimular nos jovens habilidades que podem transformar suas vidas e histórias próprias e do mundo em que vivem.

CONSIDERAÇÕES

Este trabalho mostra que, embora alguns docentes tentem aplicar metodologias inovadoras e diferenciadas de modo a tornar o ensino de Química menos descontextualizado, o desafio ainda é fazer com que os educandos associem o conhecimento científico de natureza química a fatos concretos presentes em seu dia a dia. Cabe acrescentar que a formação inicial dos futuros professores nos cursos de licenciatura não está conseguindo subsidiá-los a inovar e melhorar sua prática na sala de aula.

É oportuno também ressaltar que a Universidade não abre suas portas para receber, incentivar e apoiar os alunos que estão realizando projetos nas escolas de EB. O programa Pibic-Júnior seleciona alunos que vão atuar na área de interesse do professor, o qual determina seu roteiro de trabalho, as etapas que este deverá seguir, sem despertar iniciativa e a proatividade científica.

Finalmente, diante das adversidades profissionais e estruturais nas escolas, pudemos aqui conhecer professores e alunos que foram além e, ao compartilharem suas experiências, trazem inspiração e encorajamento para mudanças nas práticas educacionais e que possamos ser os novos estimuladores, motivadores, comentaristas críticos e companheiros dos nossos alunos.

REFERÊNCIAS

ANGELO, D. F. S. *et al.* Metodologias ativas e sua implementação no processo de ensino-aprendizagem: uma revisão integrativa. In: ALMEIDA, E. P. O.; SOUZA, M. N. A.; BEZERRA, A. L. D. (Orgs.). **Preparação pedagógica:** concepções para a prática educativa no ensino superior. Campina Grande: Licuri, 2023, p. 126-143.

BORBA, E. **A importância do trabalho com feiras e clubes** de ciências: repensando o ensino de ciências. Caderno de Ação Cultural Educativa - volume 03. Coleção Desenvolvimento Curricular. Diretoria de Desenvolvimento Curricular. Secretaria de Estado da Educação de Minas Gerais. Belo Horizonte, v. 3, p. 57, 1996.

BRASIL. MEC. Base Nacional Comum Curricular: BNCC_EM, 2018a. Disponível em: http://portal.mec.gov.br/docman/abril-2018-pdf/85121-bncc-ensino-medio/file. Acesso em maio 2024.

BRASIL. MEC. Base Nacional Comum Curricular: BNCC_EI_EF, 2018b. Disponível em: http://portal.mec.gov.br/docman/abril-2018-pdf/85121-bncc-ensino-medio/file. Acesso em maio/2024.

BRASIL. MEC. **Divulgados os resultados do Pisa 2022**. Instituto Nacional de Estudos e Pesquisas Educacionais Anísio Teixeira - Inep. Brasília, 05 de dezembro de 2023. Disponível em: http://basenacionalcomum.mec.gov.br/images/BNCC_EI_EF_110518_versaofinal_site.pdf. Acesso em: 17 de maio de 2024.

DELBIANCO, G. A. B.; DELBIANCO, L. B.. Educação híbrida e a metodologia de projetos: o caminho no ensino remoto. **Anais** 8º SEMTEC, 2021. Disponível em http://www.simposio.cpscetec.com.br/anais/ISBN-978-65-87877-27-3-2021.pdf, acesso maio/2024

DEPIERI, A. A. **A engenharia sob a ótica dos pré-universitários e o impacto das feiras de ciências.** 2014. Tese (Doutorado em Sistemas Eletrônicos) - Escola Politécnica, Universidade de São Paulo, São Paulo, 2014. doi:10.11606/T.3.2014.tde-25032015-165603.

FREIRE, P. **Pedagogia da autonomia:** saberes necessários à prática educativa. São Paulo: Paz e Terra, 1996.

GOUW A. M. S.; BIZZO N. M. V.. A percepção dos jovens brasileiros sobre suas aulas de Ciências, **Educar em Revista,** núm. 60, pp. 277-292; Setor de Educação da Universidade Federal do Paraná, 2016.

GUIMARAES, L. Por que estudar em escola particular no Brasil não é garantia de bom desempenho em exame internacional. **G1.** 11 de abril de 2024. Educação. Disponível em: https://g1.globo.com/educacao/noticia/2024/04/11/por-que-estudar-em-escola-particular-no-brasil-nao-e-garantia-de-bom-desempenho-em-exame-internacional.ghtml Acesso em: 07 jul. 2024.

LUCA, A. G. de; PIUCO, N. M. Da tecitura do projeto à formação do grupo IC na escola: tramas que se entrecruzam promovendo as práticas investigativas. *In*: LUCA, Anelise Grünfeld de; SOUZA, André Luis Fachini de; PIUCO, Natacha Morais (Orgs.). **Iniciação científica na escola:** A contribuição das práticas investigativas. 1ed. Rio do Sul: Editora Unidavi, 2022, v. 1, p. 25-35.

LUCA, A. G. de; PIUCO, N. M.; WALZ, G. C.; SOUZA, G. C. de; SOUZA, R. L. de. A formação do grupo IC na escola: tramas construídas pelos professores da Escola Básica, um suporte necessário. In: LUCA, Anelise Grünfeld de; SOUZA, André Luis Fachini de; PIUCO, Natacha Morais (Orgs.). **Iniciação científica na escola:** A contribuição das práticas investigativas. 1ed.Rio do Sul: Editora Unidavi, 2022, v. 1, p. 47-59.

MESQUITA, M. (Org.). **Fronteiras urbanas:** ensaios sobre a humanização do espaço. Editor: Instituto de Educação da Universidade de Lisboa Anonymage: Viseu, 2014.

OLIVEIRA, V. H. N.; VASQUES, D. G. A construção do estado do conhecimento sobre iniciação científica na educação básica. **Revista e-Curriculum**, v. 19, n. 3, p. 1240-1262, 2021.

PONTES, E. A. S. A prática docente do professor de matemática na educação, profissional e tecnológica por intermédio das novas tecnologias da educação matemática. **RECIMA21-Revista Científica Multidisciplinar**-ISSN 2675- 6218, v. 3, n. 10, p. e3102039-e3102039, 2022.

SANTOS, E.; TENENTE, L.; CALGARO, F. Novo Ensino médio: ajustar ou revogar? Entenda em 7 pontos o debate que envolve alunos e MEC. **G1**. São Paulo, 12 de fevereiro de 2023. Educação. Disponível em: https://g1.globo.com/educacao/noticia/2023/02/16/novo-ensino-medio-ajustar-ou-revogar-entenda-em-7-pontos-o-debate-que-envolve-alunos-e-mec.ghtml Acesso em: 07 jul. 2024.

SÃO PAULO (Estado) Secretaria da Educação - SEE. Pré-iniciação Científica: desenvolvimento de projeto de pesquisa; Ensino Médio - Caderno do Professor, 2014. Disponível em: https://eeepedrocia.com.br/site/wp-content/uploads/2016/07/PR%C3%89-INIC-CIENTIFICA.pdf. Acesso em: maio 2024

SILVA LEITE, B. Tecnologias digitais e metodologias ativas no ensino de química: : análise das publicações por meio do corpus latente na internet. **Revista Internacional de Pesquisa em Didática das Ciências e Matemática**, *[S. l.]*, v. 1, p. e020003, 2020. Disponível em: https://periodicoscientificos.itp.ifsp.edu.br/index.php/revin/article/view/18. Acesso em: 22 maio 2024.

UNESCO. Juventude e habilidades: colocando a educação em ação, relatório de monitoramento global de EPT, 2012, relatório conciso, 2012. Disponível em https://unesdoc.unesco.org/ark:/48223/pf0000217509_por. Acesso em: jun. 2024.

VENANCIO, V.; LOPES, R. D. Iniciação científica e tecnológica na educação básica: um processo de desenvolvimento colaborativo, instrumental e contínuo da Universidade na formação de professores. Pôster apresentado no Congresso de Pó-doutorandos da USP: papel e perspectivas dos Pós-Doc do Brasil, outubro/2023. Disponível em: http://www.congressoposdocs.kinghost.net/pt-br/home. Acesso em: mar. 2024.

11

OLIMPÍADAS DE QUÍMICA E FORMAÇÃO DOCENTE: UM OLHAR SOBRE A EXPERIÊNCIA DO RIO GRANDE DO SUL

Nathália Marcolin Simon
Maurícius Selvero Pazinato
Bárbara Caroline Leal
Tania Denise Miskinis Salgado

INTRODUÇÃO

Olimpíadas científicas têm sido motivo de controvérsia entre educadores (Quadros *et al.*, 2010). Há os que as defendem como um modo de incentivar os estudantes a se interessarem por uma determinada área da ciência e como uma forma de revelar talentos para essas áreas. E há os que as consideram um estímulo à competição, que causa estresse e estimula a rivalidade entre os participantes. O fato é que as olimpíadas científicas se espelham nas olimpíadas esportivas, as quais, atualmente, têm como principal intuito contribuir para a construção de um mundo melhor, sem qualquer tipo de discriminação, e assegurar a prática esportiva como um direito de todos. Nesse mesmo espírito, as olimpíadas científicas em geral visam promover a amizade, a cooperação entre os participantes, o contato mais próximo entre jovens cientistas e a troca de experiências pedagógicas e científicas.

De acordo com o Comitê Olímpico Internacional (IOC, 2024), os três valores do olimpismo, também chamado de espírito olímpico, são excelência, respeito e amizade.

> Olimpismo é uma filosofia de vida, exaltando e combinando um todo, equilibrando as qualidades de corpo, vontade e mente. Combinando esporte, cultura e educação, o olimpismo procura criar

> um estilo de vida baseado na alegria do esforço, no valor educativo do bom exemplo e no respeito pelos princípios éticos universais fundamentais (IOC, 2024, tradução dos autores).

A ideia é deixar as rivalidades de lado, pois há mais coisas que nos unem do que nos dividem.

No que se refere às olimpíadas científicas, o evento mais tradicional é a Olimpíada Internacional de Química (International Chemistry Olympiad - IChO), que ocorre desde 1968 e, em 2024, está em sua 56ª edição. Este evento é tido como uma oportunidade para os estudantes conhecerem pessoas de todo o mundo que compartilham interesses semelhantes, visitando diferentes países e entrando em contato com outras culturas. Entre os objetivos da IChO podemos citar a melhoria das relações de amizade entre jovens de diferentes países e o incentivo à cooperação e à compreensão internacionais (IChO, 2024).

Embora existam estudos desenvolvidos sobre a natureza das provas aplicadas em olimpíadas científicas, sobre o perfil dos estudantes que participam e sobre a influência das olimpíadas na formação dos estudantes, há poucos estudos sobre as repercussões da atuação em algumas das etapas de olimpíadas científicas e o futuro estímulo que venha a ser propiciado pelo professor à participação de seus alunos em olimpíadas. Neste contexto, o objetivo deste capítulo é descrever algumas das ações desenvolvidas no âmbito da Olimpíada de Química do estado do Rio Grande do Sul (OQdoRS), as quais a caracterizam como um meio de popularização e divulgação da Química entre estudantes da educação básica. Além disso, são apresentadas algumas atividades relacionadas à OQdoRS que influenciaram a formação inicial de professores, promoveram práticas extensionistas (impulsionadas pela curricularização dessas atividades) e fomentaram a iniciação à pesquisa por meio de investigações focadas em diversos aspectos das olimpíadas.

FUNDAMENTAÇÃO TEÓRICA

As olimpíadas de conhecimento científico têm o objetivo de difundir e popularizar as ciências e tecnologias entre os jovens (Silva *et al.*, 2022). De acordo com o Conselho Nacional de Desenvolvimento Científico e Tecnológico (CNPq), as olimpíadas científicas são competições que abrangem temáticas específicas, tais como Matemática, Biologia, Robótica, História, Meio Ambiente, Química, entre outras, voltadas para estimular a resolução de problemas teóricos e práticos, a realização de experimentos e a promoção de debates relevantes à sociedade. Dessa forma, têm por objetivo aprimorar a qualidade da educação científica na educação básica, favorecendo a popularização da ciência e a divulgação científica entre jovens estudantes dos ensinos fundamental e médio (CNPq, 2021). De abrangência local, regional, nacional ou internacional, as olimpíadas de conhecimento científico pretendem estimular o surgimento de novos talentos nas diversas áreas do conhecimento, principalmente entre estudantes da rede pública de ensino no Brasil.

No Brasil, as olimpíadas de conhecimento científico iniciaram em 1978. Em 1986, o Instituto de Química da Universidade de São Paulo (USP) promoveu a primeira edição da Olimpíada Brasileira de Química, contando com o apoio do CNPq, autarquia do governo federal que apoia o certame até os dias atuais, por meio de editais ou chamadas públicas específicas. Segundo o MCTI, o país conta atualmente com 104 competições de conhecimento, nas mais diversas áreas das ciências sociais, biológicas, exatas e humanidades (Schmidt, 2023).

As olimpíadas científicas são atividades extracurriculares realizadas em vários países para se atingir uma série de objetivos intelectuais, afetivos e sociais. Apesar de culminarem em atividades extracurriculares, têm ações que acontecem na sala de aula e que, de uma forma ou de outra, afetam a organização e o trabalho escolar (Quadros *et al.*, 2013). Tanto no Brasil quanto em outros países, as olimpíadas científicas são consideradas instrumentos que contribuem para melhorar o processo de ensino e de aprendizagem, ao mesmo tempo em que se constituem em uma oportunidade de se obter um panorama do ensino das disciplinas nos estados e no país (Silva *et al.*, 2022).

As olimpíadas científicas envolvem estudantes do ensino fundamental e médio e incentivam o estudo de conceitos científicos. Apesar disso, à medida que selecionam alguns estudantes para participar das próximas etapas, vão deixando pelo caminho uma grande quantidade de jovens cujo desempenho não lhes permitiu seguir na competição. Nessa estrutura competitiva, própria das olimpíadas científicas, os estudantes percebem que serão recompensados, à medida que tiverem um desempenho destacado em comparação com os demais. O objetivo dos estudantes, numa prova que selecionará apenas alguns, é fazer melhor do que seus próprios colegas, para poderem prosseguir no processo competitivo (Quadros *et al.*, 2010).

Entretanto, ambientes competitivos fazem parte do mundo e estão presentes em todos os estágios da vida, iniciando-se na família (entre irmãos), na escola (entre colegas de aula), nos diversos dispositivos de avaliação (provas escolares, Exame Nacional do Ensino Médio – ENEM, vestibulares) e de modo mais concreto no mundo de trabalho (processos seletivos, concursos, cargos, salários). É por isso que muitos professores consideram que as olimpíadas científicas preparam para a vida e o trabalho, percepção que está ligada às disputas para ingresso na graduação e, depois, no mercado de trabalho.

Um movimento que tem motivado estudantes a participarem de olimpíadas científicas é que suas medalhas se tornaram uma porta de entrada para algumas universidades públicas, sem que precisem prestar vestibular ou ENEM. Desde 2019, quando os primeiros alunos medalhistas ingressaram na graduação da Universidade Estadual de Campinas (Unicamp) – a primeira no país a utilizar essa via –, as chamadas "vagas olímpicas" têm avançado. Ao menos outras cinco instituições públicas começaram a reservar vagas para medalhistas: as universidades de São Paulo (USP) e Estadual Paulista (Unesp), e as federais de Itajubá (Unifei), do ABC Paulista (UFABC) e de Mato Grosso do Sul (UFMS) (Schmidt, 2023). Tal oferta de vagas ocorre porque, em busca de talentos, as universidades consideram as vagas olímpicas uma alternativa na busca pela diversidade no perfil de seus estudantes. A ideia é atrair talentos que são muito bons em uma área, mas que poderiam se perder no processo do vestibular, por não serem tão bons em outras áreas. Muitos estudantes já usavam as medalhas em processos de seleção de universidades no exterior, por serem valorizadas em países como os Estados Unidos. Assim, as vagas olímpicas em universidades brasileiras seriam uma tentativa de evitar que os alunos de alto rendimento saiam do país (Schmidt, 2023).

Segundo professores de estudantes que participam de olimpíadas (Quadros *et al.*, 2010), ao participar deste tipo de experiência, os estudantes já estariam vivenciando situações semelhantes ao que vivenciarão em vestibulares, concursos públicos, seleções de emprego etc.

> Deste modo, se por um lado temos a preocupação de que esse tipo de prova não se torne um fator de exclusão escolar, também temos a

> realidade de que, se o estudante dedicou, mesmo que uma pequena parte do seu tempo ao estudo, já usufruiu positivamente desta competição (Quadros *et al.*, 2010, p. 128).

Os autores apontam que, tendo as olimpíadas científicas um caráter competitivo, é indicado que a escola instaure um ambiente cooperativo nas salas de aula. Dessa forma, podem propiciar um ambiente de competição saudável, aproveitando as olimpíadas como uma das ações que têm ocorrido na escola com potencial de motivar o estudante à aprendizagem. Da mesma forma, Rezende e Ostermann (2012) afirmam que "Uma ideia interessante pode ser buscar balanço entre competição e cooperação focando em grupos, e não em indivíduos (...) ao propor atividades distintas das provas tradicionais a serem desenvolvidas por equipes de estudantes, com orientação dos professores" (p. 252). Algumas olimpíadas de conhecimento, atualmente, focam exatamente no trabalho em equipe, tais como as olimpíadas de robótica, de foguetes, de astronáutica, entre outras. Os desafios propostos aos estudantes podem possibilitar a apropriação de conhecimentos potencialmente relevantes para a vida na sociedade contemporânea e favorecer a construção de identidade e de pertencimento dos estudantes ao seu grupo social.

A OLIMPÍADA DE QUÍMICA NO RIO GRANDE DO SUL

A Olimpíada de Química do Rio Grande do Sul (OQdoRS) faz parte do Programa Nacional Olimpíadas de Química (PNOQ), promovido pela Associação Brasileira de Química (ABQ) e coordenado anualmente pelas Universidades Federais do Ceará e do Piauí, por meio de suas Pró-Reitorias de Extensão. O PNOQ conta com Coordenações Estaduais em todos os estados da federação e no Distrito Federal, sendo, portanto, um programa que abrange todo o território nacional. As Coordenações Estaduais são vinculadas a universidades, públicas ou privadas, e a Institutos Federais de Educação, Ciência e Tecnologia. O Programa, atualmente, é coordenado nacionalmente por uma docente do Departamento de Química Orgânica e Inorgânica da Universidade Federal do Ceará. E cada um dos certames nacionais que constituem o PNOQ apresenta um(a) coordenador(a) e um(a) vice-coordenador(a) nacional. Na Figura 1 encontra-se um esquema simplificado da estrutura do PNOQ.

Figura 1. Esquema de funcionamento do PNOQ.

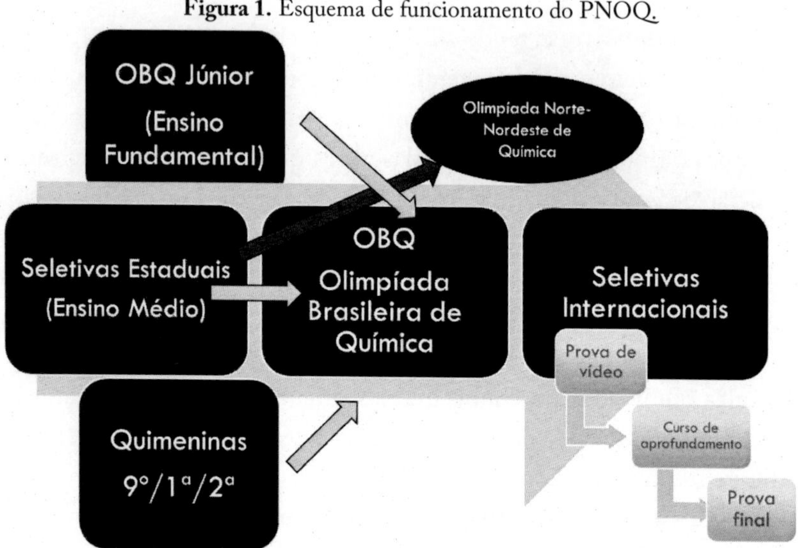

Fonte: os autores.

De forma resumida, a Figura 1 mostra que o principal modo de acesso à Olimpíada Brasileira de Química (OBQ) é constituído pelas Seletivas Estaduais, ou seja, as olimpíadas de Química realizadas em cada estado, como é o caso da OQdoRS. Uma pequena parte das vagas da OBQ é destinada aos estudantes com excelente desempenho na Olimpíada Brasileira de Química Júnior (OBQJr) do ano anterior, dirigida aos estudantes do ensino fundamental. Também as estudantes de excelente desempenho na Olimpíada Feminina de Química (Quimeninas) têm vagas diretas para a OBQ do ano seguinte. As Seletivas Estaduais também selecionam estudantes para participar da Olimpíada Norte-Nordeste de Química. A OBQ, por sua vez, seleciona os estudantes que participarão, no ano seguinte, das Seletivas Internacionais, constituídas sucessivamente por: uma Prova de Vídeo, o Curso de Aprofundamento em Química e uma Prova Final, que classifica os estudantes para participarem das Olimpíadas Internacionais. Atualmente, estudantes brasileiros participam da já citada IChO, da Olimpíada Internacional Mendeleev de Química (IMChO), da Olimpíada Iberoamericana de Química e da Olimpíada Internacional Abu

Reikhan Beruniy de Química (ARBIChO), tendo as delegações brasileiras obtido bom desempenho e prêmios (sejam medalhas, sejam menções honrosas) em todas as suas participações.

Paralelamente às olimpíadas destinadas aos estudantes de ensino fundamental e médio, anualmente é organizada a Olimpíada Brasileira de Ensino Superior de Química (OBESQ), que em 2024 está em sua sexta edição. Um de seus objetivos é contribuir para a formação de profissionais na área de Química. Podem participar da OBESQ estudantes de qualquer curso superior, sem restrição de área, desde que não tenham concluído, anteriormente, outro curso superior. Os estudantes do Rio Grande do Sul têm tido bom desempenho na OBESQ, já tendo obtido menções honrosas e medalhas, mesmo que o número de participantes de instituições gaúchas não seja muito elevado, se comparado ao de alguns outros estados, como Ceará, Rio de Janeiro e São Paulo.

Em 2002, a Fundação Escola Técnica Liberato Salzano Vieira da Cunha, situada no município de Novo Hamburgo, organizou a primeira Olimpíada de Química do RS. Na época, a prova era realizada apenas na própria instituição e não havia separação entre categorias. Em 2004, iniciou-se a realização da prova com três modalidades, relativas ao ano do ensino médio em que o aluno se encontrava, divisão que permanece até hoje. Ao longo dos anos, a Fundação Liberato ampliou as parcerias com instituições do interior do estado para difundir a OQdoRS e oportunizar a participação de alunos de todo o estado. A partir de 2017, por decisão de sua Direção, a Fundação Liberato descontinuou a realização do evento (Schwarz, 2018).

Desde 2017, a Olimpíada de Química do Rio Grande do Sul vem sendo conduzida em parceria entre o Instituto de Química da Universidade Federal do Rio Grande do Sul (UFRGS) e a Seção Regional do Rio Grande do Sul da Associação Brasileira de Química (ABQRS), por meio de uma Coordenação Colegiada, que é responsável pela tomada de decisões sobre a condução de todo o processo. A realização da OQdoRS conta com o apoio de instituições (universidades públicas federais, universidades confessionais e comunitárias, institutos federais e fundações educacionais) situadas em Porto Alegre e em 20 municípios espalhados por todas as regiões do Estado.

A Olimpíada de Química do Rio Grande do Sul é constituída por duas fases. Desde 2020, a Fase I consiste em uma prova on-line, sendo a inscrição e a aplicação da prova realizada em conjunto com outros estados, por meio das Seletivas Estaduais do PNOQ. Esta prova é respondida pelo estudante por meio de aplicativo específico, podendo ser respondida em computador, tablet ou celular. São 30 questões objetivas de múltipla escolha e há uma prova para cada ano do ensino médio. Assim, estudantes do 9º ano do ensino fundamental e 1º ano do ensino médio respondem a prova da modalidade EM1, estudantes do 2º ano do ensino médio respondem a prova da modalidade EM2 e estudantes do 3º ano do ensino médio e 4º ano do ensino técnico integrado respondem a prova da modalidade EM3. Os resultados da Fase I são usados para classificar até 10 estudantes por escola e por modalidade para a Fase II, desde que tenham atingido o mínimo de 30 pontos na Fase I. A prova da Fase II é constituída exclusivamente por questões analítico-expositivas e é aplicada presencialmente, em até 20 municípios, abrangendo todas as regiões do estado, por meio de parcerias com instituições de ensino das respectivas regiões.

A Olimpíada de Química do Rio Grande do Sul contribui para acompanhar a qualidade do ensino de Química no estado do RS. As informações sobre o desempenho dos estudantes nas provas podem ser usadas pelos professores para identificar dificuldades dos seus respectivos estudantes em relação a conceitos químicos. Ao mesmo tempo, ao ter conhecimento das questões da prova, o professor se atualiza sobre o que de novo está sendo desenvolvido na ciência química, à medida que o tempo passa, em uma perspectiva de formação permanente. E a equipe de elaboração e correção de provas identifica as dificuldades apresentadas pelos estudantes nas questões para abordar, com os professores em formação, nas disciplinas do curso de Licenciatura em Química da UFRGS, aqueles aspectos nos quais se identificam fragilidades na formação dos estudantes de nível fundamental e médio em todo o estado do RS. Isso porque tais aspectos são, provavelmente, também frágeis nos demais estudantes, mesmo aqueles que não participam da OQdoRS.

Como forma de estimular a participação de mais escolas e especialmente de escolas situadas em regiões mais remotas, ou em municípios distantes de grandes centros populacionais, a Olimpíada de Química do RS tem adotado três estratégias específicas:

1) participa anualmente das Seletivas Estaduais on-line, prova realizada por meio de aplicativo, a qual, como já foi dito, constitui a Fase I da OQdoRS. Esta prova tem todo seu processo de inscrição e participação realizado exclusivamente de forma on-line, o que facilita e capilariza a possibilidade

de participação dos estudantes de qualquer município, por mais remoto que seja;

2) como segunda fase da OQdoRS, aplica-se uma prova presencial, em até 20 municípios, abrangendo todas as regiões do estado. Dessa forma, capilariza-se a aplicação da prova da Fase II, que é presencial, evitando que os estudantes tenham que se deslocar por longas distâncias. Para a realização da prova da Fase II, indica-se para o estudante a cidade-polo localizada mais próxima à cidade da escola do estudante;

3) para a Fase II da OQdoRS, são chamados até 10 estudantes por modalidade por escola. Assim, em vez de concentrar todos os estudantes da segunda etapa nas escolas cujos alunos tradicionalmente têm melhor desempenho nas provas, as vagas da segunda etapa são distribuídas entre todas as escolas que têm alunos que participaram da Fase I, desde que tenham o desempenho mínimo.

Com estas medidas, cerca de 80 a 90% das escolas cujos alunos fazem a Fase I chegam a ter alunos participando da Fase II, em vez de a participação na Fase II ficar concentrada em um pequeno número de escolas com estudantes de muito alto desempenho. Com isso, observou-se um aumento de 17 para 51 no número de escolas com estudantes premiados (com medalhas e menções honrosas), entre 2017 e 2023.

Como forma de estimular a participação de meninas e de estudantes de escolas públicas, a Coordenação Colegiada da OQdoRS criou duas medalhas específicas para este público, além das medalhas de ouro, prata e bronze, que continuam a ser entregues aos alunos com melhor desempenho na classificação geral em cada modalidade. Para as meninas de melhor desempenho em cada modalidade, foi criada a Medalha Yeda Pinheiro Dick, que leva o nome da primeira mulher professora do Instituto de Química da UFRGS e que foi também a primeira pesquisadora em Química do RS. Para os e as estudantes de escolas públicas que não fazem processo seletivo para ingresso, foi criada a Medalha Otto Alcides Ohlweiler, que foi professor do Instituto de Química da UFRGS. O professor Ohlweiler consolidou a área de Química Analítica no RS, tendo publicado livros didáticos que são utilizados até hoje nos cursos de ensino superior do Brasil. Essa medalha estimula a participação de estudantes de escolas públicas situadas em locais com menor Índice de Desenvolvimento Humano Municipal (IDHM), pois as escolas públicas que não fazem processo seletivo para ingresso geralmente atendem estudantes provenientes de regiões ou famílias com menores condições socioeconômicas.

A Tabela 1 mostra os números relativos à participação de escolas e estudantes e às premiações, no período 2018-2023. Observação importante a respeito desta tabela é que, até 2019, as provas eram aplicadas de modo exclusivamente presencial. A partir de 2020, tiveram início as Seletivas Estaduais on-line, devido às medidas decorrentes da pandemia de Covid-19. Dessa forma, nos anos de 2020 e 2021, a OQdoRS foi realizada em uma única fase, exclusivamente remota. A partir de 2022, retomou-se o processo de aplicação de provas presenciais, de modo que a Fase II, nos moldes já descritos, passou a ser presencial.

Tabela 1. Dados relativos à participação e premiação de estudantes, escolas e cidades na OQdoRS no período 2017-2023

ANO	Nº de inscritos	Nº de medalhistas	Nº de cidades	Nº escolas participantes	Nº escolas públicas	Nº meninas participantes
2017	1744	18	37	80	31	950
2018	1582	18	37	83	29	837
2019	1470	27	36	64	23	778
2020	1828	20	47	100	33	1132
2021	1784	20	31	56	23	1104
2022	2480	40	32	53	17	1284
2023	2442	60	38	77	37	1310

Fonte: Os autores, a partir do banco de dados da coordenação da OQdoRS.

Como se pode observar na Tabela 1, apesar de algumas flutuações ao longo do período 2017-2023, há uma tendência ao crescimento de participação, tanto no que se refere ao número de inscritos, que aumentou em 40%, quanto ao número de escolas públicas participantes, que em 2023 atingiu seu máximo, 37 escolas. Já o número de meninas inscritas aumentou 38% no mesmo período, o que revela a necessidade de se intensificar as ações que estimulem a participação das meninas na olimpíada estadual. Por outro lado, as meninas representaram, em 2023, 46% dos estudantes premiados, mas eram 53% dos estudantes inscritos. Ou seja, ainda há um caminho a percorrer para que elas representem, na premiação, percentual pelo menos igual ao de inscritos.

A Tabela 1 também mostra um aumento significativo no número de medalhas, desde que a atual Coordenação Colegiada assumiu a condução da

OQdoRS. Inicialmente, em 2017, eram apenas uma medalha de ouro, duas de prata e três de bronze por modalidade (EM1, EM2 e EM3), perfazendo 18 medalhas. Atualmente, atribuem-se três medalhas de ouro, seis de prata e nove de bronze para cada modalidade, além de uma medalha Yeda Pinheiro Dick e uma medalha Otto Alcides Ohlweiler por modalidade, perfazendo 60 medalhas. O critério para obter menção honrosa continua o mesmo, atingir escore de 50 pontos ou mais na prova de cada modalidade. O aumento do número de medalhas tende a atrair mais estudantes à participação na olimpíada, pois aumenta a chance de premiação.

Avançando no aspecto de avaliação da qualidade do ensino, analisamos as premiações obtidas pelos estudantes das diferentes redes de ensino na OQdoRS de 2023. A Tabela 2 resume os números de alunos, e respectivos percentuais, inscritos e premiados (com medalha ou menção honrosa), no ano de 2023, distribuídos entre escolas públicas (federais, estaduais e municipais) e particulares.

Tabela 2. Dados de participantes e premiados distribuídos entre escolas públicas federais, estaduais e municipais e escolas privadas, no ano de 2023

	Participantes	Premiados entre os seus participantes	Premiados entre todos os premiados
Nº estudantes escola pública federal	314	65	-
% estudantes escola pública federal	12,9%	20,7%	28,5%
Nº estudantes escola pública estadual	446	29	-
% estudantes escola pública estadual	18,3%	6,5%	12,7%
Nº estudantes escola pública municipal	58	1	-
% estudantes escola pública municipal	2,4%	1,7%	0,4%
Nº estudantes escola privada	1624	133	-
% estudantes escola privada	66,5%	8,2%	58,3%
Nº total de estudantes de escolas públicas	818	95	-
% total de estudantes de escolas públicas	33,5%	11,6%	41,7%
TOTAL DE ALUNOS	2442	-	228

Fonte: os autores, a partir do banco de dados da coordenação da OQdoRS.

Observa-se, na Tabela 2, que os estudantes de escolas particulares representam ⅔ dos inscritos, mas sua participação na premiação se reduz a 58,3%. Ou seja, em números totais, os alunos de escolas particulares se inscrevem mais e recebem mais prêmios, achado este que está de acordo com estudos de outros estados, como é o caso da Olimpíada Paranaense de Química (Imberti *et al.*, 2020).

Entretanto, um olhar mais detalhado revela alguns dados que contrariam o senso comum. Se observarmos o total de estudantes de escolas públicas inscritos (818) e o número total de estudantes de escolas públicas premiados (95), observa-se na Tabela 2 que 11,6% dos estudantes inscritos de escolas públicas são premiados, contra 8,2% de estudantes premiados (133) entre os 1624 inscritos de escolas particulares. Ou seja, relativamente, os alunos de escolas públicas são mais premiados do que os de escolas particulares.

Uma análise mais detalhada da distribuição da premiação entre as diferentes instituições públicas mostra, por sua vez, uma disparidade na distribuição de premiados entre as escolas públicas (Tabela 2). Os estudantes de escolas públicas federais, que abrangem os institutos federais, colégios militares e colégios vinculados a universidades públicas federais, representam 12,9% dos inscritos, mas são 28,5% do total de estudantes premiados, percentual este atingido porque 20,7% de seus alunos inscritos recebem algum tipo de premiação. Esse percentual é muito mais elevado do que o de alunos de escolas privadas, nas quais 8,2% dos alunos inscritos são premiados.

Já os estudantes de escolas públicas estaduais, que representam 18,3% dos inscritos, recebem apenas 12,7% do total de prêmios, o que representa 6,5% de premiação sobre os seus alunos inscritos. É importante lembrar que as escolas públicas estaduais incluem a Fundação Escola Técnica Liberato Salzano Vieira da Cunha, cujos estudantes costumam receber medalhas e menções honrosas com frequência, e que, nestas premiações, estão incluídos os estudantes que receberam as medalhas Otto Alcides Ohlweiler, destinadas a estudantes de escolas públicas que não realizam processo seletivo para ingresso. Assim, o número de estudantes premiados que não provêm dessas duas situações é baixo, mostrando que há uma disparidade entre escolas públicas que realizam processo seletivo para ingresso e as que não o fazem.

É interessante observar a premiação de 1 estudante de escola pública municipal. Embora a participação de estudantes de escolas públicas municipais seja pequena (58 inscritos) e apenas um estudante tenha sido premiado em 2023, essa premiação é relevante, pois o estudante premiado é aluno de nono ano do ensino fundamental, que prestou prova na modalidade EM1, ou seja, uma prova de conceitos químicos abordados no ensino médio. A escola desse aluno situa-se em Taquaruçu do Sul, um pequeno município da região noroeste do estado, onde duas escolas de ensino fundamental todos os anos inscrevem seus estudantes nas olimpíadas (tanto a estadual como a OBQJr) e regularmente têm estudantes premiados.

Assim, um olhar apurado sobre os dados da Olimpíada de Química do RS pode contribuir para se compreender alguns dos fatores ligados à qualidade do ensino praticado nas diferentes redes de ensino e regiões do estado, aspecto este que será detalhado mais adiante, quando for discutido o trabalho de Schwarz (2018).

A AÇÃO DE EXTENSÃO OLIMPÍADA DE QUÍMICA

Todas as ações da Olimpíada de Química do RS, desde que a UFRGS assumiu a coordenação em conjunto com a ABQRS, são abrigadas por um projeto de extensão, aberto anualmente no Instituto de Química da UFRGS. Como um projeto de extensão oficial do Instituto de Química, contribui para a divulgação e popularização da ciência, por ser uma estratégia capaz de levar o interesse por temas científicos a locais que, muitas vezes, não são atingidos por outras ações, geralmente mais focadas em centros urbanos de grande e médio porte.

Por meio da ação de extensão, são fornecidos certificados para todos os que atuam na olimpíada: elaboradores de provas, coordenadores de cidades polo, fiscais, corretores de provas e pessoal de apoio. Elaboradores de provas, coordenadores de cidades polo e coordenadores de correção de provas são docentes da UFRGS e de outras instituições de ensino superior parceiras. Como corretores de provas, atuam estudantes de graduação da área de Química, principalmente licenciandos em etapas de estágios curriculares, e estudantes de pós-graduação em Química, especialmente os que fazem parte do Grupo de Pesquisa em Ensino de Química (GPEQ - UFRGS). A correção se refere às questões analítico-expositivas da Fase II. Após sua aplicação, em 10 a 20 polos distribuídos por todo o estado do RS, as provas são enviadas para o Instituto de Química da UFRGS, onde são corrigidas. Os estudantes de Química corrigem as provas com base nos padrões de resposta elaborados pela Comissão de Provas e sob a supervisão dos docentes do Instituto de Química, autores deste capítulo.

Já para atuação como fiscais, são convidados estudantes de graduação e pós-graduação em Química, mas também de outras áreas que porventura se interessem em participar. Além das provas da OQdoRS, também há atuação de fiscais nas provas das Fases II da Olimpíada Brasileira de Química, da OBESQ e da Olimpíada Brasileira de Química Júnior, que são presenciais. Para os alunos de graduação, esses certificados podem ser usados para obtenção de créditos complementares, de acordo com norma interna da Comissão de Graduação de Química, ou para contabilizar horas da curricularização da extensão, tanto em cursos de Química como em outros cursos. Para os docentes das instituições parceiras, a certificação de atividades de extensão pode ser usada para fins de relatórios e progressões internas à instituição. Para os estudantes de pós-graduação, os certificados podem ser usados para comprovação de atividades em concursos e processos seletivos. Todas as atividades relativas à olimpíada são realizadas sem qualquer arrecadação de taxas e nem remuneração aos executores das atividades.

OLIMPÍADA DE QUÍMICA E SEUS IMPACTOS NA PRÁTICA DOCENTE

Como docentes da Licenciatura em Química da UFRGS, compreendemos a atuação na olimpíada de química como uma das ações de formação de professores desenvolvidas no âmbito do Grupo de Pesquisa em Ensino de Química da UFRGS.

A principal estratégia de capacitação e orientação para professores adotada na Olimpíada de Química do RS é a atuação dos graduandos e pós-graduandos em formação em diversas fases da olimpíada estadual. Eles atuam enviando propostas de questões para a equipe de elaboração de provas, aplicando as provas presenciais e corrigindo as questões analítico-expositivas das provas da Fase II da OQdoRS, sob a orientação dos professores do Instituto de Química da UFRGS, autores deste capítulo. Esta estratégia contribui para sua formação, pois elaboração, aplicação e correção de provas são atividades docentes de grande responsabilidade e que fazem parte do cotidiano escolar do professor em qualquer nível da educação.

Temos observado que, com o tempo, muitos desses docentes em formação tornam-se, após a diplomação, professores representantes das escolas em que atuam, inscrevendo seus estudantes nas olimpíadas científicas em geral. Além disso, implementam, em suas escolas, ações como Clubes de Ciências, Feiras de Conhecimento, Formações Olímpicas, entre outras estratégias que, para além de prepararem os estudantes para participação nas olimpíadas de conhecimento, contribuem para o aumento do interesse dos estudantes pelas ciências em geral e pela Química em particular.

O depoimento de um ex-aluno de Licenciatura em Química que, durante sua formação, participou das atividades da olimpíada de química ilustra bem este ponto:

> *"Minha experiência como aluno da UFRGS foi profundamente enriquecida pela minha participação ativa nas olimpíadas de química. Como muitos dos nossos colegas, eu fui envolvido em várias atividades, desde atuar como fiscal, até a correção de provas. Essas experiências não apenas aprofundaram minha compreensão da disciplina, mas também me ensinaram habilidades fundamentais de resolução de problemas, pensamento crítico e trabalho em equipe. A influência dessas experiências na minha vida acadêmica moldou minha abordagem como educador. Ao ingressar na carreira docente, levei comigo não apenas o conhecimento técnico adquirido, mas também o compromisso de inspirar e capacitar meus alunos da mesma forma que fui inspirado durante as olimpíadas de química."*

Observa-se que, entre os professores representantes de escolas que participam da OQdoRS, cerca de 20% são ex-alunos dos cursos de Química da UFRGS, seja na graduação ou na pós-graduação, que, de alguma forma, se envolveram com as atividades da Olimpíada de Química por meio das ações de extensão. Mas o efeito desta participação parece ser mais intenso quando se observam os estudantes premiados, seja com medalhas, seja com menções honrosas: 35% dos estudantes premiados vêm de escolas nas quais o professor representante é ex-aluno de cursos de Química da UFRGS.

É provável que muitos desses professores desenvolvam em suas escolas ações voltadas à participação dos alunos em atividades extracurriculares e que, entre essas ações, estejam aquelas voltadas às olimpíadas científicas, como ilustra o depoimento de um professor que, durante sua formação, esteve envolvido nas atividades das olimpíadas de química:

> *"Na escola em que trabalho atualmente, o incentivo à participação em olimpíadas é uma parte integrante de nossa cultura educacional. São desafios que vão além do que o curriculum tradicional propõe, fazendo com que os alunos explorem áreas específicas com mais profundidade. A experiência nessas competições mostra o compromisso dos alunos com o aprendizado além do básico, evidenciando habilidades específicas, a dedicação e a busca por excelência. Esses fatores podem diferenciar estes estudantes em processos seletivos acadêmicos e profissionais. Temos orgulho em preparar nossos alunos para competirem nessas prestigiadas competições, e os resultados falam por si mesmos - muitos de nossos alunos têm conquistado prêmios e reconhecimento em níveis estaduais e até mesmo nacionais. Além disso, ao destacar as conquistas dos alunos em olimpíadas, a escola também atrai talentos e reforça o compromisso com a excelência acadêmica, promovendo um ambiente mais dinâmico e competitivo, proporcionando ao aluno uma oportunidade/experiência que vai muito além da sala de aula. Como coordenador de ciências da natureza, tenho a honra de liderar essas iniciativas e testemunhar o impacto positivo que as olimpíadas têm em nossos alunos. Não apenas eles desenvolvem um entendimento mais profundo dos conceitos de química, mas também adquirem habilidades essenciais para o sucesso futuro, como perseverança, dedicação e resiliência. Além disso, a participação em olimpíadas também fortalece a conexão entre a teoria e a prática, pois essas competições desafiam os alunos a aplicarem os conhecimentos adquiridos em sala de aula, além de também promover a resolução de problemas, a criatividade, estimular o raciocínio crítico e a perseverança, preparando os estudantes para enfrentar desafios ao longo das suas vidas acadêmicas e profissionais. Isso não apenas aumenta sua confiança em suas habilidades, mas também os prepara para os desafios do mundo real e os capacita a se destacarem em suas futuras carreiras."*

As colocações do professor corroboram com alguns dos aspectos levantados na seção de Fundamentação Teórica deste capítulo, especialmente no que se refere à preparação para enfrentar os desafios acadêmicos e profissionais.

Também já foram desenvolvidas, no Instituto de Química, ações de preparação de alunos para as olimpíadas de Química. Nessas ações, estudantes de Licenciatura em Química, então bolsistas de iniciação à docência do Programa Institucional de Bolsa de Iniciação à Docência (PIBID), ministraram aulas específicas preparatórias para as Olimpíadas de Química, em duas frentes: i. nas escolas em que atuavam como bolsistas, preparando estudantes de escolas públicas estaduais para fazerem a prova da Olimpíada de Química do RS; ii. no Instituto de Química da UFRGS, ministrando aulas específicas para os alunos que representariam o RS na Olimpíada Brasileira de Química daqueles anos. Tais ações, embora descontinuadas nos últimos anos, devido às mudanças ocorridas no PIBID, poderão ser novamente viabilizadas por meio de atividades que poderão ser realizadas via curricularização da extensão. A intenção de voltar a oferecê-las decorre do desempenho dos alunos que frequentaram as atividades preparatórias nas olimpíadas de que participaram. Os alunos das escolas que tiveram essas atividades no PIBID obtiveram bom desempenho na olimpíada estadual, com um número maior de menções honrosas do que no período anterior a esta ação. E os estudantes que participaram da OBQ após frequentarem as atividades de preparação tiveram bons desempenhos. Mas o principal reflexo foi a melhoria da compreensão de conceitos químicos, identificada na época por meio de relatos dos bolsistas de iniciação à docência, que observaram um aumento do índice de acertos desses estudantes nas questões de provas anteriores das mesmas olimpíadas, utilizadas pelos bolsistas para trabalhar com os alunos. Esses resultados foram relatados no 1º Encontro de PIBIDs Química da Região Sul, em 2015 (Rosa *et al.*, 2015).

Uma história inspiradora vem da nossa própria casa: uma das professoras do IQ/UFRGS, que atualmente desempenha um papel fundamental na coordenação da Olimpíada de Química do RS, foi medalhista de ouro em duas edições da OQdoRS e recebeu menção honrosa na OBQ quando ainda era estudante do ensino médio. A Profa. Dra. Bárbara Leal compartilha como a olimpíada contribuiu para sua trajetória:

> *"Durante o terceiro ano do ensino médio, tive a oportunidade de participar da segunda edição da Olimpíada de Química do Rio Grande do Sul. A ideia de competir e ser reconhecida por minhas habilidades foi o que me motivou a participar. Naquela época, o evento, ainda incipiente*

em nosso estado, contou com 86 estudantes do ensino médio de 15 escolas gaúchas. A preparação para a olimpíada acabou despertando ainda mais meu interesse pela Química, aumentando meu engajamento nas aulas e incentivando-me a dedicar-me mais aos estudos. A olimpíada foi, sem dúvida, um incentivo poderoso para minha curiosidade científica já aflorada.

Minha primeira experiência nessa competição foi incrivelmente positiva, conquistando o primeiro lugar na Modalidade A (Figura 2), marco importante por ser a primeira menina a subir ao pódio das olimpíadas, que no ano anterior havia sido dominado por meninos.

No ano seguinte, participei da terceira edição da olimpíada e conquistei o primeiro lugar na categoria EM3 (Figura 2). O número de participantes havia aumentado significativamente, atingindo 504 estudantes do ensino médio e técnico de todo o estado. Minha excelente performance nessa etapa garantiu uma vaga na etapa brasileira do Programa Nacional Olimpíadas de Química. Essa oportunidade me incentivou a estudar e aprofundar meus conhecimentos em áreas ainda não exploradas em meu curso de Química. A etapa nacional incluiu questões desafiadoras que exigiam dos alunos pensamento crítico e criativo. Essas habilidades foram fundamentais para meu crescimento acadêmico e profissional, preparando-me para os desafios futuros tanto na educação superior quanto no mercado de trabalho.

Com um desempenho destacado na etapa nacional (Figura 2), fui convidada para a cerimônia de premiação na Universidade Federal do Ceará, em Fortaleza. Essa viagem foi enriquecedora e evidenciou o potencial transformador da Química e da Ciência em minha vida. A interação com a comunidade científica nacional naquela ocasião ampliou meus horizontes, inspirando-me a seguir uma carreira científica.

Do meu ponto de vista, a participação nas olimpíadas de Química teve um impacto significativo em minha formação como estudante, criando um ambiente de aprendizagem dinâmico e envolvente. Essas competições foram além do ensino tradicional, beneficiando não só a mim, mas também os professores e a comunidade escolar como um todo. Indiretamente, as olimpíadas motivam os docentes a buscar novas abordagens de ensino, enriquecendo o currículo e tornando o aprendizado mais eficaz e interessante.

Adicionalmente, o sucesso nas olimpíadas traz reconhecimento para os alunos, professores e escola, valorizando o trabalho realizado e elevando a autoestima dos participantes. Esse reconhecimento resulta em prêmios, bolsas de estudo e oportunidades acadêmicas e profissionais, estimulando o interesse pela ciência. Além disso, a promoção da Ciência e da Química por meio das olimpíadas contribui para a conscientização sobre a importância dessas áreas na sociedade, inspirando outros jovens a se interessarem pela Ciência.

Em resumo, as olimpíadas de Química têm impacto transformador na prática educativa ao tornar o ensino mais envolvente, desenvolver habilidades essenciais nos alunos, valorizar a educação e aproximar a comunidade escolar do mundo científico. Essa experiência enriquecedora deixa um legado duradouro, preparando os estudantes para serem futuros cientistas e cidadãos atentos.

As olimpíadas foram um marco fundamental em minha jornada como docente e pesquisadora. Envolver-me na organização dessas competições, agora como professora na UFRGS, é minha forma de retribuir o que elas me proporcionaram. Sou profundamente grata aos professores que me incentivaram na época, impulsionando meu desejo contínuo de aprendizado. Acredito firmemente que conhecimento nunca é demais, e é nosso dever, enquanto educadores, compartilhá-lo e possibilitar que outros também o alcancem."

Figura 2. Certificados de participação das Olimpíadas de Química do Sul dos anos de 2003 e 2004 e da Olimpíada Brasileira de Química do ano de 2004.

Fonte: Os autores.

Pode-se dizer, então, que a participação na Olimpíada de Química do RS tem contribuído de diferentes formas para a formação e a prática docente, tanto na educação básica quanto na educação superior.

OLIMPÍADA DE QUÍMICA COMO UMA INICIAÇÃO À PESQUISA

Para além da popularização da ciência, da formação de professores e da valorização do estudo da Química, as olimpíadas de Química também são um caminho de iniciação à pesquisa. Ao longo dos anos, as ações desenvolvidas no âmbito das OQdoRS deram origem a trabalhos de pesquisa acadêmica que culminaram em um artigo publicado em revista científica com Qualis A2 (Koch *et al.*, 2023), dois Trabalhos de Conclusão de Curso (TCC) de Graduação em Licenciatura em Química (Koch, 2021; Schwarz, 2018), um trabalho completo publicado em anais de evento da área de educação

(Schwarz; Salgado, 2020), um resumo publicado em anais de evento da área de Química (Schwarz; Salgado, 2019) e um trabalho apresentado em evento sobre o PIBID Química (Rosa *et al.*, 2015).

Koch *et al.* (2023) analisaram os conteúdos e contextos abordados nas questões da OQdoRS, para elaboração de um panorama sobre o perfil das provas no período compreendido entre 2014 e 2019. A análise documental das 210 questões evidenciou que os conteúdos solicitados com maior frequência são ligações químicas, estequiometria, substâncias inorgânicas, caráter ácido/básico, reações inorgânicas, nomenclatura oficial inorgânica, soluções, equilíbrio químico, termoquímica, reações orgânicas, isomeria, funções orgânicas e titulação. Observou-se a presença de questões complexas e desafiadoras sobre aspectos conceituais e crescente exigência de cálculos. No mínimo um terço das questões usa de contextualização, entretanto em grande parte com enfoque ilustrativo. A temática mais frequente é tecnologia, seguida de meio ambiente. As reflexões desta pesquisa, que teve início em um TCC (Koch, 2021), têm contribuído para o aperfeiçoamento das provas da OQdoRS.

Outro TCC (Schwarz, 2018), analisou o perfil de 544 estudantes, provenientes de 91 instituições de ensino, egressos do ensino médio que receberam destaque nas edições de 2013 a 2017 da Olimpíada de Química do Rio Grande do Sul. Este TCC se desdobrou em dois trabalhos apresentados em congressos. No trabalho do 20º ENEQ, foi investigado o destino acadêmico dos alunos que participaram da OQdoRS no período de 2013 a 2017, que foram premiados e que já completaram o ensino médio, buscando identificar a possível relação entre os premiados dessas cinco edições da OQdoRS e o ingresso desses alunos em cursos superiores da área de Química (Schwarz; Salgado, 2020). Com base nos cursos de graduação escolhidos, observou-se que nem todos os alunos escolheram um curso diretamente ligado à Química, contudo, o estudo para a prova das olimpíadas e o recebimento de um prêmio (medalha ou menção honrosa) podem gerar uma satisfação e gosto pela matéria, levando o aluno a não desprezar a Química apenas por preconceito. A proporção de estudantes escolhendo áreas próximas da Química demonstrou-se satisfatória para com os objetivos propostos pela OQdoRS.

Já no trabalho apresentado na 26ª SBQSul (Schwarz; Salgado, 2019) buscou-se identificar quais as escolas que têm maior número de alunos premiados na OQdoRS. Buscaram-se fatores que expliquem o melhor desempenho em relação às outras, se são públicas ou privadas e em que regiões do estado se localizam. O primeiro achado interessante desta pesquisa foi que, dos 544 estudantes investigados, no período de 2013 a 2017, 42% vieram de instituições públicas de ensino. São instituições públicas com alto desempenho, como os institutos federais (IFs) ou colégios cujos alunos já passaram por uma seleção prévia para ingresso, como a Fundação Escola Técnica Liberato Salzano Vieira da Cunha de Novo Hamburgo, os colégios militares ou Tiradentes (estes, vinculados à Brigada Militar do Rio Grande do Sul). Nestes cinco anos, apenas cinco alunos premiados vieram de instituições mantidas exclusivamente pelo governo estadual, sendo que destes, três frequentaram as atividades ministradas pelos bolsistas PIBID, como relatado no trabalho de Rosa *et al.* (2015). O trabalho de Schwarz e Salgado (2019) também mostrou que as escolas de regiões com maior PIB são as que tiveram alunos com melhor desempenho na OQdoRS. A Figura 3 mostra a distribuição dos alunos premiados pelo mapa do Rio Grande do Sul, dividido em mesorregiões.

Figura 3. Número de alunos premiados em cada mesorregião do RS, de 2013 a 2017

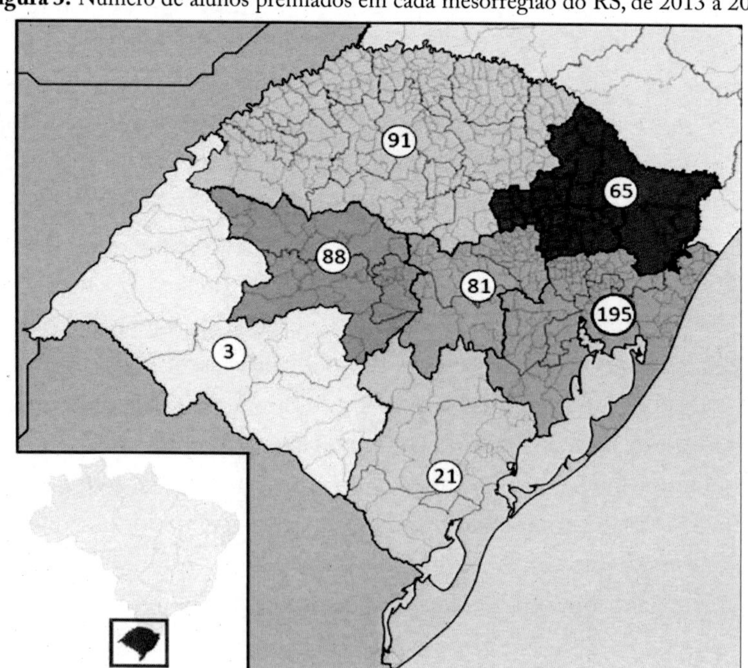

Fonte: Schwarz, 2018.

O mapa da Figura 3 mostra que, em 1º lugar em número de premiados, ficou a região metropolitana de Porto Alegre (Capital, Novo Hamburgo), com 195 estudantes premiados. A seguir, o Noroeste Rio-Grandense (Passo Fundo, Frederico Westphalem, Erechim), com 91 premiados. Depois, o Centro Ocidental, onde praticamente todos os alunos vêm de Santa Maria, com 88 premiados, e o Centro Oriental, com 81 premiados, a maioria de Santa Cruz do Sul e Lajeado. O Nordeste (Caxias do Sul, Bento Gonçalves) ainda tem 65 premiados. Por fim, Sudeste (Rio Grande, Pelotas) com 21 premiados, e Sudoeste (Bagé, Alegrete) dividindo apenas 3 premiados nos últimos 5 anos. Como se pode observar na Figura 4, esta distribuição está bastante correlacionada com o Produto Interno Bruto (PIB) das mesmas mesorregiões.

Figura 4. Produto Interno Bruto por municípios do Rio Grande do Sul - 2015.

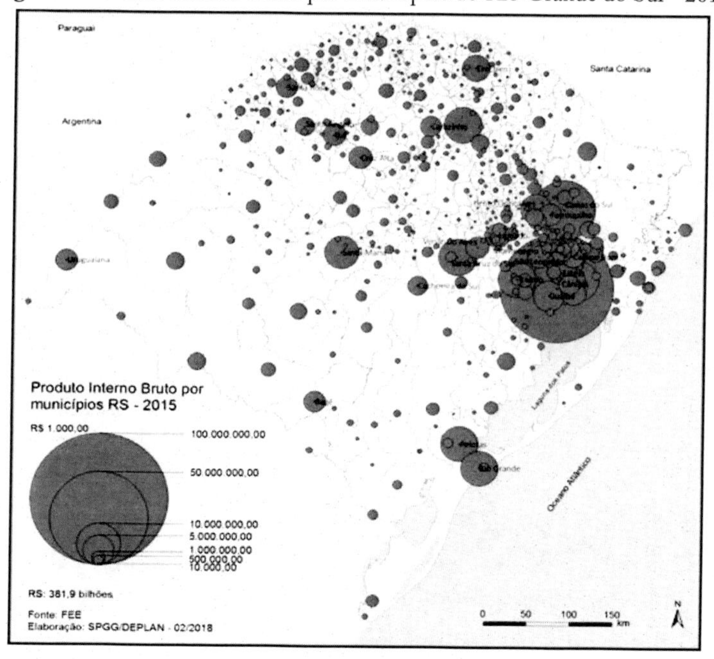

Fonte: Schwarz, 2018.

A metade sul do RS é uma região predominantemente agrária, com grandes propriedades, pecuária e plantações de arroz. Uma boa parcela do PIB do RS passa por lá, mas fica concentrada em poucos de seus habitantes. Já a metade norte é caracterizada pela forte imigração, principalmente italiana e alemã, com pequenas propriedades e várias e diversificadas indústrias. A região metropolitana de Porto Alegre ainda apresenta a maior parte das indústrias e tem grandes concentrações urbanas (Ilha *et al.*, 2002). De 2013 a 2017, teve 118 estudantes premiados. Santa Maria, "cidade universitária", teve 87 estudantes; Caxias do Sul, com uma grande universidade particular e um campus do Instituto Federal do Rio Grande do Sul, teve 55 premiados. E o 4º colocado, Novo Hamburgo, é onde se encontra a Fundação Liberato, sendo esta a instituição que mais possui alunos premiados no período analisado, com 50 estudantes. Todas essas cidades situam-se em regiões com PIB elevado (Figura 4). Portanto, o fato de ser uma região com forte presença de instituições de ensino qualificadas parece influir, também, no desempenho dos estudantes daquela região neste tipo de prova.

Consideramos esta vertente de nosso trabalho relevante para a formação de futuros docentes da área de Química, pois mostra aos estudantes a possibilidade de colocar em prática um aspecto que entendemos importante na atuação docente: a possibilidade de ser um investigador de sua própria prática. Os seis trabalhos citados são derivados da investigação sobre alguma das ações das olimpíadas de química desenvolvidas no Instituto de Química da UFRGS, na qual os respectivos autores se envolveram diretamente.

INICIAÇÃO CIENTÍFICA JÚNIOR

As chamadas públicas do CNPq que disponibilizam apoio financeiro para as olimpíadas científicas estudantis também oportunizam a solicitação de bolsas de iniciação científica júnior. O projeto nacional para Olimpíadas de Química foi contemplado com tais bolsas e, pelo período de um ano, entre 2021 e 2022, a equipe de professores que coordena a Olimpíada de Química do Rio Grande do Sul orientou atividades de iniciação científica júnior. As três alunas selecionadas pela equipe eram cursantes do ensino médio regular de escolas públicas de Porto Alegre e Nova Santa Rita.

Durante as etapas de elaboração e aplicação das atividades, o Instituto de Química da Universidade Federal do Rio Grande do Sul manteve seu funcionamento nos modos remoto ou parcialmente remoto devido à pandemia provocada pelo coronavírus. Tal condição foi determinante no contexto escolar e universitário do período, afetando também a iniciação científica júnior.

Nesse cenário, um cronograma de atividades remotas e presenciais foi desenvolvido (Quadro 1). As ações remotas exigiram o acesso à internet, recurso que as três bolsistas tinham em suas casas. As ações presenciais ocorreram em distintos locais do Campus do Vale da UFRGS (Porto Alegre - RS): Laboratório de Catálise Molecular (Figura 5), laboratório de ensino de Radioquímica (Figura 6), laboratório do Grupo de Pesquisa em Ensino de Química, Museu do Instituto de Química e Centro de Gestão e Tratamento de Resíduos Químicos.

O processo de elaboração das atividades foi realizado em parceria com duas alunas do curso de Licenciatura em Química da UFRGS, como parte do último estágio de docência da graduação, e sob orientação dos professores autores do presente trabalho. O conjunto de tarefas propostas visou o desenvolvimento de conhecimentos conceituais, procedimentais e atitudinais das bolsistas (Zabala, 1998).

Quadro 1. Conjunto de atividades realizadas pelas bolsistas de iniciação científica júnior no período de um ano.

Tema 1: Conhecendo o IQ UFRGS.
- Vídeos institucionais do canal do IQ no YouTube e visita presencial aos laboratórios de grupos de pesquisa do IQ.

Tema 2: Conhecendo as Olimpíadas de Química.
- Leitura de texto sobre as Olimpíadas de Química e inscrição na prova da OQdoRS.

Tema 3: Segurança em Laboratório Químico.
- Vídeo Segurança em Laboratório do canal do IQ no YouTube.
- Leitura sobre normas de conduta em laboratório.

Tema 4: Conhecendo e manuseando vidrarias e equipamentos de laboratório.

Tema 5: Conhecendo a UFRGS.
- Vídeos dos cursos à escolha das bolsistas produzidos para o Portas Abertas UFRGS remoto.

Tema 6: Soluções Químicas: Conceitos e Experimentos.

Tema 7: pH.
- Atividades experimentais.
- Leitura de capítulos dos livros *Sonho de Mendeleiev* e A colher que desaparece associados ao tema.

Tema 8: Radiações e Radioatividade.
- Vídeos diversos, como a palestra "Radiações: o que temos a ver com isso?"
- Resolução de situação problema sobre a temática.
- Conhecendo o laboratório de Radioquímica do IQ UFRGS.

Tema 9: Divulgação Científica.
- Compreendendo a divulgação científica através de material preparado no projeto.
- Contato com materiais de divulgação científica como vídeos do canal Nerdologia e livros. Leitura de capítulos à escolha das bolsistas dos livros 50 ideias de Química que você precisa conhecer e Os Botões de Napoleão.
- Visita ao Museu do Instituto de Química da UFRGS.

Tema 10: Meio Ambiente e Resíduos.
- Visita ao Centro de Gestão e Tratamento de Resíduos Químicos.
- Resolução de situação problema sobre contaminantes.

Fonte: Os autores.

Figura 5. Bolsistas de iniciação científica júnior e orientadores em atividades realizadas no Laboratório de Catálise Molecular.

Fonte: Os autores.

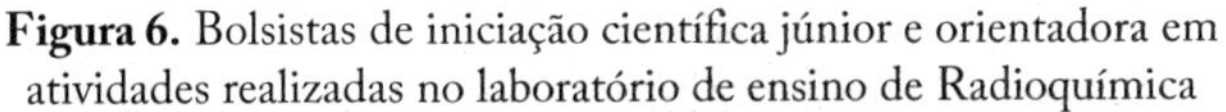

Figura 6. Bolsistas de iniciação científica júnior e orientadora em atividades realizadas no laboratório de ensino de Radioquímica

Fonte: os autores.

No que se refere aos conhecimentos conceituais de Química, optou-se por revisar principalmente conteúdos associados à Físico-Química, entre eles soluções, equilíbrio químico e radioquímica. As escolhas se justificam pelas dificuldades encontradas pelos estudantes do ensino médio com tais conteúdos (Nicoll; Francisco, 2001) presentes nos principais vestibulares do país.

Os conhecimentos procedimentais foram atrelados às atividades experimentais realizadas em diferentes laboratórios do Instituto de Química da UFRGS. Os contatos anteriores das estudantes com esses ambientes eram escassos e, portanto, a iniciação científica júnior configurou-se como uma oportunidade para manipular vidrarias, reagentes e equipamentos comuns em laboratórios de Química. O preparo de soluções aquosas e a determinação do pH de diferentes soluções empregando meios distintos de verificação apresentaram às bolsistas tarefas rotineiras de muitos químicos. Nesses momentos, as alunas puderam praticar temas estudados ao longo das atividades remotas, como procedimentos e atitudes de segurança em laboratório e de destinação correta de resíduos químicos.

Todo conjunto de atividades objetivou o desenvolvimento de atitudes de interesse e curiosidade em relação à Química e às demais Ciências da Natureza. No entanto, destacam-se para a promoção de conhecimentos atitudinais as tarefas envolvendo a divulgação científica. Estrada (2011) aponta que o contato com materiais de divulgação científica é um meio de fomentar a cultura científica e de despertar a vocação para a ciência.

Ao longo do período de iniciação científica júnior, as estudantes participaram ainda do Portas Abertas UFRGS, evento que visa possibilitar o contato do público em geral com os cursos oferecidos pela universidade; e da Olimpíada de Química do Rio Grande do Sul, na qual uma das bolsistas foi medalhista.

Finalizadas as ações, as bolsistas responderam a um questionário avaliativo do projeto, e o descreveram como: "*uma experiência maravilhosa, onde desenvolvemos mais conhecimentos sobre algo que já temos interesse*"; "*uma oportunidade sem igual*"; "*de extrema importância para o meu conhecimento pessoal e profissional*". Também consideraram a participação relevante para desenvolver "*mais segurança em laboratório*" e "*curiosidade por outros campos da ciência*" e "*definir melhor o caminho (profissional)*". Por fim, as alunas exaltaram a importância dos encontros presenciais, momentos esses limitados pela situação pandêmica.

Os orientadores mantiveram contato com duas bolsistas, e sabe-se que atualmente são graduandas dos cursos de Biotecnologia na UFRGS e de Química Medicinal na Universidade Federal de Ciências da Saúde de Porto Alegre.

CONSIDERAÇÕES FINAIS

As olimpíadas científicas, como a Olimpíada de Química do Rio Grande do Sul (OQdoRS), representam uma importante ferramenta para a popularização e divulgação da ciência entre os estudantes da educação básica. Alinhadas aos princípios do olimpismo, elas podem auxiliar no desenvolvimento de valores fundamentais como excelência, respeito e amizade, além de estimularem o estudo da Química. Ainda se observado de forma global, as olimpíadas científicas proporcionam oportunidades de intercâmbio cultural e acadêmico, bem como estimulam a cooperação e compreensão nacionais e internacionais.

Em específico, a OQdoRS tem auxiliado a identificar fragilidades no ensino de Química, além de fornecer suporte contínuo à formação de professores e à iniciação científica. As estratégias de inclusão empregadas pelos organizadores, como a aplicação de provas online na primeira fase e a criação de medalhas específicas para meninas e estudantes de escolas públicas, têm ampliado a participação e democratizado o acesso ao conhecimento científico. Com um crescente número de inscritos e premiados, a OQdoRS continua a evoluir, consolidando-se como um evento essencial para o desenvolvimento educacional e científico no Rio Grande do Sul, além de constituir uma das principais ações extensionistas do Instituto de Química da UFRGS.

REFERÊNCIAS

CNPq. Conselho Nacional de Desenvolvimento Científico e Tecnológico. 2021. Disponível em: https://www.gov.br/cnpq/pt-br/assuntos/popularizacao-da-ciencia/olimpiadas-cientificas Acesso em: 24 jun. 2024.

ESTRADA, J. C. O. Educação e divulgação da ciência: construindo pontes para a alfabetização científica. **Revista Eureka sobre Ensino e Popularização das Ciências**, v. 8, n. 2, p. 137-148, 2011.

IChO. International Chemistry Olympiad. Disponível em: https://www.ichosc.org/home. Acesso em: 24 jun. 2024.

ILHA, A. S.; ALVES, F. D; SARAVIA, L. H. B. Desigualdades regionais no Rio Grande do Sul: o caso da Metade Sul. *In*: ENCONTRO DE ECONOMIA GAÚCHA PUCRS/FEE, 1., 2002, Porto Alegre. **Anais...** Porto Alegre: PUCRS, 2002. Disponível em: http://cdn.fee.tche.br/eeg/1/mesa_3_ilha_alves_saravia.pdf. Acesso em: 24 jun. 2024.

IMBERTTI, A. da S.; CRUZ, C. S. L. da; BUBNIAK, J.; KUMMER, L.; MONEGO, M. L. C. D. Participantes da olimpíada paranaense de química nos últimos 6 anos. **Brazilian Journal of Development**, *[S. l.]*, v. 6, n. 9, p. 69651–69666, 2020. DOI: http://dx.doi.org/10.34117/bjdv6n9-421.

IOC. International Olympic Committee. Disponível em: https://olympics.com/ioc/olympic-values. Acesso em: 24 jun. 2024.

KOCH, C. S. **Olimpíada de química do Rio Grande do Sul: análise e caracterização das provas.** 2021. 56 f. Trabalho de conclusão de curso (Graduação em Licenciatura em Química) – Instituto de Química, Universidade Federal do Rio Grande do Sul, Porto Alegre, 2021. Disponível em: http://hdl.handle.net/10183/240913. Acesso em: 24 jun. 2024.

KOCH, C. S.; SALGADO, T. D. M.; PAZINATO, M. S.; PASSOS, C. G. Análise e caracterização das provas da Olimpíada de Química do Rio Grande do Sul. **Química Nova na Escola (online)**, v. 45, n. 1, p. 39-50, 2023. DOI: http://dx.doi.org/10.21577/0104-8899.20160298.

NICOLL, G.; FRANCISCO, J. S. An investigation of the factors influencing student performance in physical chemistry. **Journal of Chemical Education**, v. 78, n. 1, p. 99-201, jan. 2001.

QUADROS, A. L; FÁTIMA, A.; MARTINS, D. A. S.; SILVA, F. C.; SILVA, G. F.; ALEME, H. G.; OLIVEIRA, S. R.; ANDRADE, F. P.; TRISTÃO, J. C.; SANTOS, L. J. Ambientes colaborativos e competitivos: o caso das olimpíadas científicas. **Revista Educação Pública**, Cuiabá, v. 22, n. 48, p. 149-163, jan./abr. 2013.

QUADROS, Ana L. *et al.* Aprendizagem e competição: A Olimpíada Mineira de Química na visão dos professores de Ensino Médio. **Revista Brasileira de Pesquisa em Educação em Ciências**, v. 10, n. 3, p. 125-136, 2010. Disponível em: https://periodicos.ufmg.br/index.php/rbpec/article/view/4091. Acesso em: 24 jun. 2024.

REZENDE, Flávia; OSTERMANN, Fernanda. Olimpíadas de ciências: uma prática em questão. **Ciências & Educação**, Bauru, v. 18, n. 1, p. 245-256, 2012. DOI: https://doi.org/10.1590/S1516-73132012000100015.

ROSA, A. S.; NECTOUX, A. S.; DORSCHEID, G. L.; SALGADO, T. D. M. Preparação de alunos para Olimpíada Brasileira de Química: uma experiência para os bolsistas do PIBID Química da UFRGS. *In:* ENCONTRO DE PIBIDS QUÍMICA DA REGIÃO SUL, 1., 2015, Joinville. Joinville: UDESC, 2015.

SCHMIDT, Sarah. Acesso à universidade pela trilha olímpica. **Revista Pesquisa FAPESP**, n. 330, ago. 2023. Disponível em: https://revistapesquisa.fapesp.br/acesso-a-universidade-pela-trilha-olimpica/. Acesso em: 24 jun. 2024.

SCHWARZ, F. W. **Olimpíada de química do Rio Grande do Sul**: **para onde vão os estudantes de melhor desempenho**. 2018. 37 f. Trabalho de conclusão de curso (Graduação em Licenciatura em Química) – Instituto de Química, Universidade Federal do Rio Grande do Sul, Porto Alegre, 2018. Disponível em: http://hdl.handle.net/10183/189875. Acesso em: 24 jun. 2024.

SCHWARZ, F. W.; SALGADO, T. D. M. De onde vêm os estudantes com melhor desempenho na Olimpíada de Química do Rio Grande do Sul?. *In:* Encontro de Química da Região Sul, 26., 2019, Caxias do Sul-RS. **Anais da 26º SBQSul**. Caxias do Sul-RS: Editora da UCS, 2019. p. EDU2518724.

SCHWARZ, F. W.; SALGADO, T. D. M. Para onde vão os estudantes de melhor desempenho na Olimpíada de Química do Rio Grande do Sul?. *In*: ENCONTRO NACIONAL DE ENSINO DE QUÍMICA, 20., 2020, Recife-PE. **Anais ...** Recife-PE: Even3, 2020. Disponível em: https//www.even3.com.br/anais/ENEQPE2020/240830-PARA-ONDE-VAO-OS-ESTUDANTES-DE-MELHOR-DESEMPENHO-NA-OLIMPIADA-DE-QUIMICA-DO-RIO-GRANDE-DO-SUL. Acesso em: 24 jun. 2024.

SILVA, José Wanderley da; SILVA, Othon Daniel Oliveira da; VENTURA, Heloisa Helena Onias; DE ANDRADE, Sandro Dutra; VENTURA, Rafael Augusto. Avaliação do perfil social dos premiados nas olimpíadas de química do estado do Rio Grande do Norte. **RECIMA21 - Revista Científica Multidisciplinar**, [s. l.], v. 3, n. 11, p. e3112169, 2022. DOI: https://doi.org/10.47820/recima21.v3i11.2169.

ZABALA, A. **A prática educativa:** como ensinar. 1. ed. Porto Alegre: Artmed, 1998. 224 p.

12

A INICIAÇÃO CIENTÍFICA COMO POSSIBILIDADE DE PESQUISA E INOVAÇÃO NA EDUCAÇÃO

Sandra Aparecida dos Santos

"O olho vê,
A lembrança (re)vê,
A imaginação (trans)vê."

Iniciar de trás para frente possibilita situar de onde entende-se "**educação**"... Para esse diálogo, a educação indicará uma condição, em certa medida, formal. Refere-se à educação como a dimensão em que ocorre o encontro de pessoas com a intencionalidade de que ocorram aprendizagens. Dessa forma, o processo de aprendizagem intencionado implica em um processo de ensino com intencionalidades pedagógicas, processos estes que constituem o objeto de ser e fazer do professor.

"A educação é um dos lugares de transformação do mundo, mas, para isso, tem ela própria de se transformar", Nóvoa (2023, p. 9) provoca o olhar para a educação que humaniza, para a educação humana, na qual, "as professoras e professores que hoje habitam as escolas são a geração da mudança" (Charlot, 2020, p. 323).

Então inicia com a imaginação, com a (trans)visão dos lugares de educação por onde nós, pessoas, já passamos... estando estudantes e/ou professoras e professores. Entende-se importante citar e circunscrever que o saber, os conhecimentos que iluminam e legitimam os fazeres do professor com vistas às aprendizagens, dialogam com os diversos campos do saber, tanto os pedagógicos (currículo, didática, planejamento e avaliação, entre outros) quanto os disciplinares/específicos.

Percorrer um caminho do meio entre o extremo pedagógico e o disciplinar (Bizzo, 2012), mostra-se mais assertivo no mundo em que vivemos com tantos desafios a serem (re)significados, visando uma educação em uma escola que escolariza este mundo, que considera a importância da Pedagogia de Futuros (Tomelin; Daros, 2024), uma vez que a UNESCO (2022) aponta o não cumprimento pela educação de sua promessa, em ajudar na construção de futuros pacíficos, justos e sustentáveis; acrescenta-se ainda futuros saudáveis.

Segundo Saviani (2013, p.95), "O povo precisa da escola para ter acesso ao saber erudito, ao saber sistematizado e, em consequência, para expressar de forma elaborada os conteúdos da cultura popular que correspondem aos seus interesses". Nesta percepção pedagógica de saberes e fazeres escolares, torna-se possível a proposição de Nóvoa (2023) quando anuncia aos professores para estes, *libertarem o futuro* - "Ninguém sabe como será o futuro e nem sequer vale a pena tentar adivinhá-lo. Mas temos a obrigação de tudo fazer para não fechar as possibilidades de futuro, para garantir a liberdade das gerações futuras" (2023, p.10).

Na escola há o encontro... ocorrem os processos e é com vistas a estes que situamos a ideia de **inovação**. Entende-se a inovação como um compromisso ético (Pacheco, 2019), a partir das pessoas, neste caso, das professoras e professores, os quais traduzem-se nos processos pedagógicos propostos e vivenciados com a comunidade escolar. Sim! As lógicas precisam ser (re)significadas e traduzidas (Glissant, 2021) de modo a atribuir sentido aos desafios enfrentados neste início de século XXI.

> O aprendizado e a tradução têm em comum o fato de que tentam devolver "transparência" ao texto. Isso significa que eles buscam erguer uma ponte entre dois tipos de opacidades: a de um texto posto contra um leitor iniciante para quem todo texto é considerado difícil (caso da aprendizagem), e a de um texto que se aventura no possível de um outro texto (caso da tradução). (Glissant, 2021, p.133)

a tradução de futuros, um processo inovador é o percurso do aprender pela **Iniciação Científica** (IC) no viés de olhar para as emergências das pessoas envolvidas, sendo elas os professores, os estudantes, gestores e demais atores sociais, no exercício essencialmente colaborativo e dialógico, no e para o qual o outro – seja quem for este outro – é legitimado (Maturana; Varela, 2001).

A IC, como processo, emerge no espaço escolar por sujeitos desta comunidade, indicando que é possível pensar a Educação, em particular a Educação Básica, como período escolar capaz de contribuir efetivamente para a construção do ser integral e complexo, respeitando e valorizando os potenciais de cada um para a ação no todo, seja esse todo o grupo de pesquisa, a escola, a comunidade, o planeta (Santos, 2020).

Essa construção do ser pela interação com a Ciência, na participação sistemática no processo, habilita a percepção de outros conhecimentos pelos quais o mundo é explicado, o indivíduo constitui-se mais dialógico, cooperativo, justo e solidário. Acredita-se, também, que, neste contexto, a abordagem contextualizada e interdisciplinar dos conceitos referentes a área das Ciências da Natureza, a considerar o ensino de Química, Física e Biologia, favorece o (re)conhecimento e (re)significação de situações reais por parte dos estudantes, interferindo diretamente em seu ciclo social e cultural, de modo a qualificar suas escolhas e agir no mundo em que está inserido.

A INICIAÇÃO CIENTÍFICA NO BRASIL: UM MOVIMENTO QUE SE CONSTITUI EM UM PROCESSO

No Brasil, a história do desenvolvimento científico e tecnológico confirma-se ligado ao desenvolvimento econômico e social, e em 15 de janeiro de 1951 a Lei nº 1310 criou o Conselho Nacional de Pesquisa – CNPq, hoje denominado Conselho Nacional de Desenvolvimento Científico e Tecnológico, entidade governamental, com as finalidades de, "[...] promover e estimular o desenvolvimento da investigação científica e tecnológica, mediante a concessão de recursos para pesquisa, formação de pesquisadores e técnicos, cooperação com as universidades brasileiras e intercâmbio com instituições estrangeiras" (Brasil, 1951).

Sousa e Filipecki (2017, p.77) afirmam que "A institucionalização do termo iniciação científica no Brasil acompanha a consolidação da pesquisa nacional, que tem como um dos seus marcos a criação do CNPq, em 1951". Entidade governamental que, por meio de bolsas de IC, favorece programas institucionais científicos, para estudantes de todos os níveis, tanto Ensino Fundamental (EF) e Ensino Médio (EM) quanto do Ensino Superior.

A década de 1990 caracteriza-se pela fase da valorização da IC, revelando um crescimento significativo no número de bolsas fomentadas pelo CNPq, fase esta definida por Martins e Martins (1999), como o "Período da Iniciação Científica".

Na intenção de elucidar o entendimento sobre o conceito de IC, Bridi (2015, p.13) refere-se à sua denominação como sendo "[...] uma atividade que inicia o aluno de graduação na produção de conhecimento científico. Com isso, tal atividade faz sentido em uma estruturação de ensino superior que inclui em suas práticas acadêmicas a pesquisa científica". Essa atividade é apresentada por Zakon (1989, p. 868) a partir de "[...] três faces: o aluno, o orientador e as condições de trabalho".

Pesquisas de diferentes áreas do conhecimento sobre a IC, enquanto programa desenvolvido para os estudantes do Ensino Superior, revelam convergência para o potencial de desenvolvimento da capacidade criativa dos participantes e para a aproximação destes com a natureza da ciência (Silva Junior *et al.*, 2014).

A IC no ensino superior caracterizada por Silva Junior *et al.* (2014, p.327) indica ser uma processo que

> [...] permite que o aluno de graduação tenha noções teóricas e metodológicas de pesquisa, buscando incentivar-lhe a capacidade de pensar e o espírito questionador. [...] Além disso, [...] é importante para desenvolver o espírito crítico e a competência para buscar respostas aos problemas da prática profissional.

Nesse contexto, as pesquisas acerca da IC passam a evidenciar possíveis vantagens e desvantagens. Entre as vantagens, Santos, Ribeiro e Pizzato (2020, p.111) apontam,

> [...] o papel complementar de melhoria da análise crítica do estudante que participa, assim como maturidade intelectual, compreensão da ciência e possibilidades futuras, por meio das relações que estabelece, tanto acadêmicas como profissionais, além da possibilidade de auxílio financeiro, na condição de bolsistas. Uma vantagem

> para o professor orientador é a possibilidade de aumentar sua produtividade, ou seja, o número de trabalhos publicados.

Considerando ainda, as contribuições advindas da realização da IC, Massi e Queiroz (2012, p. 272) indicam o contato dos estudantes "[...] com as diversas formas de veiculação dos conteúdos científicos". Supõem que, "[...] esse contato pode vir a favorecer a apropriação da linguagem científica [...] e, consequentemente, o desenvolvimento de suas habilidades de comunicação oral e escrita no campo científico".

A interdisciplinaridade é um aspecto potencializado pela IC, segundo a qual Mazon e Trevizan (2001, p.86) concebem que essa vinculação "[...] permite a construção ou reconstrução do conhecimento, através da ação conjunta de profissionais de diferentes áreas, possibilitando a desenvoltura da integração dos especialistas".

Entre as desvantagens da IC, conforme Santos, Ribeiro e Pizzato (2020, p.112) está

> [...] a relação com o orientador, uma escolha que deveria sempre ser pautada na contribuição real para o crescimento pessoal e intelectual, além da percepção não ingênua quanto ao sistema científico, a atenção a fraudes e egos que podem turvar a ênfase na Ciência, foco de um programa de IC. Embora haja diretrizes oficiais para o desenvolvimento da IC, o trabalho é determinado, geralmente, pelo orientador, fazendo com que os participantes, nem sempre participem de todas as etapas de realização de uma pesquisa científica.

Torna-se evidente a fragilidade em relação à IC da pequena abrangência do programa, sendo considerado selecionador e elitista, e o pequeno número de professores e acadêmicos envolvidos com pesquisa nas instituições de Ensino Superior tanto públicas quanto privadas (Massi; Queiroz, 2010).

No Brasil, a IC pode ser entendida sob duas perspectivas, segundo Massi e Queiroz (2015, p.37),

> 1) enquanto um processo que abarca todas as experiências vivenciadas pelos alunos [...] durante ou anterior à graduação, com o objetivo de promover o seu desenvolvimento com a pesquisa e,

> consequentemente desenvolver a chamada formação científica; 2) como o desenvolvimento de um projeto de pesquisa elaborado e desenvolvido sob orientação de um docente da universidade, realizada com ou sem bolsa para os alunos.

Como características próprias e/ou desejáveis para a IC, Santos, Ribeiro e Pizzato (2020, p.112) citam:

> 1) a efetivação entre o ensino e a pesquisa (Bridi, 2004); 2) a motivação do estudante na sala de aula, pela construção de significados de conceitos e teorias; 3) o "despertar" de qualidades/habilidades para a futura vida profissional; 4) desenvolvimento da autonomia; 5) a promoção da auto valorização e autoestima do estudante; 6) a compreensão do "fazer ciência"; 7) a socialização profissional, por meio das relações com o orientador e demais pesquisadores, assim como, pela publicação dos trabalhos desenvolvidos; 8) o encaminhamento do participante para a vida acadêmica.

Com vistas às evidências geradas e analisadas, os estudantes, de diferentes níveis de ensino, participantes da IC, mostram melhor desempenho na educação formal (Bridi, 2004), por meio da motivação e da transferência (Bransford *et al.*, 2019), além de expressarem conhecimentos acerca da ciência, de seus fazeres e de sua natureza.

A estrutura das escolas de Educação Básica, no Brasil é de "escolas de ensino", historicamente constituídas. Neste século XXI, com as urgências para os futuros possíveis, a pesquisa como princípio pedagógico e científico (Demo, 2011), bem como as ações de extensão, são fundamentais, inclusive sustentando os programas e proposições de IC.

UM HORIZONTE DE FUTUROS... IMAGINADOS E CONSTRUÍDOS PELAS PESSOAS

O contexto de espaços privilegiados, como é o caso de escolas que instituíram a IC, vem apontar uma possibilidade de superação na formação dos estudantes em um ensino voltado para a educação científica que contempla reflexões sobre a importância dos processos investigativos. Acredita-se que despender esforços para um ensino baseado na pesquisa mostra-se assertivo em todos os níveis escolares, a considerar desde o EF e EM, uma vez que o estudante vive o processo investigativo, a comunicação de suas elaborações e de sua proposição.

Torna-se necessário um olhar cuidadoso e comprometido para a formação docente, especialmente na perspectiva do seu próprio desenvolvimento profissional, considerando o que Santos, Ribeiro e Pizzato (2020, p.122) elucidam frente a IC na Educação Básica, a qual

> [...] desafia o pensar sobre a importância da construção de um processo educativo contextualizado, emergindo uma significativa contribuição para o (re)pensar da pesquisa como componente curricular e, por conseguinte, a formação docente. É possível que o docente da Educação Básica, constituindo-se pesquisador, seja o orientador das pesquisas, desenvolvidas por seus estudantes. Fazendo a pesquisa na e a partir da escola, outras instituições de ensino e pesquisa seriam interlocutores no diálogo estabelecido, aproximando-as, assim como seus agentes, oportunizando, espaços para trocas e novos projetos.

A lógica da educação, do ensinar e do aprender nos contextos formais evidencia a urgência em inovar os processos, em (re)conhecer e propor alternativas com vistas às diversidades de toda natureza e lúcidas da capacidade de transformação da realidade; em estabelecer relações democráticas, pensadas e acordadas coletivamente. O mundo a ser conhecido e impactado é um mundo comum.

Os desafios reais do mundo provocam e oportunizam nas pessoas, em particular àquelas ligadas à educação, circunstâncias de ensino e de aprendizagens mútuas a partir de futuros partilhados e cuidadosos para com o planeta e seus habitantes.

REFERÊNCIAS

BARIANI, I. C. D. **Estilos cognitivos de universitários e iniciação científica.** Tese (doutorado). Campinas (SP): Faculdade de Educação. Programa de Pós-graduação em Educação/Universidade Estadual de Campinas, 1998. 170f.

BARROS, M. **Livro das ignorãças**. Rio de Janeiro: Civilização Brasileira, 1994.

BIZZO, N. **Metodologia do ensino de biologia e estágio supervisionado.** São Paulo: Ática, 2012.

BRANSFORD, J.; *et al.* As teorias da aprendizagem e seus papeis no ensino. *In*: DARLING-HAMMOND, L.; BRANSFORD, J. **Preparando os professores para um mundo em transformação**: o que devem aprender e estar aptos a fazer. Porto Alegre: Penso, 2019.

BRASIL. Lei 1.310 de 10 de janeiro de 1951. **Cria o Conselho Nacional de Pesquisa e dá outras providências.** Diário Oficial [da] República Federativa do Brasil. Brasília, DF, 16 jan. 1951. Disponível em: http://www2.camara.leg.br/legin/fed/lei/1950-1959/lei-1310-15-janeiro-1951-361842-publicacaooriginal-1-pl.html

BRIDI, J. C. A. **A iniciação científica na formação do universitário.** Dissertação (mestrado). Campinas (SP): Faculdade de Educação. Programa de Pós-graduação em Educação/Universidade Estadual de Campinas, 2004. 135f.

BRIDI, J. C. A. A pesquisa nas universidades brasileiras: implicações e perspectivas. *In*: MASSI, L.; QUEIROZ, S. L. **Iniciação científica** [recurso eletrônico]: aspectos históricos, organizacionais e formativos da atividade no ensino superior brasileiro. São Paulo: Editora UNESP Digital, 2015.

CHARLOT, B. **Éducacion ou barbarie**. Paris: Economica, 2020.

DEMO, P. **Praticar ciência**: metodologias do conhecimento científico. São Paulo: Saraiva, 2011.

ERDMANN, A. L.; LEITE, J. L.NASCIMENTO, K. C.; LANZONI, G. M. M. Vislumbrando a iniciação científica a partir das orientadoras bolsistas da Enfermagem. **Rev. Bras. Enferm.**, 64 (2), p. 261-267, 2011.

GLISSANT, É. **Poética da relação**. Rio de Janeiro: Bazar do Tempo, 2021. Edição do Kindle.

LATOUR, B.; WOOLGAR, S. **A vida de laboratório:** a produção dos fatos científicos. Rio de Janeiro: Relume Dumará, 1997.

MARTINS, R. C. R.; MARTINS, C. B. Programas de melhoria e inovação no ensino de graduação. **Estudos e Debates**: uma Política de Ensino Superior, Brasília, v.20, p. 189-221, 1999.

MASSI, L.; QUEIROZ, S. L. Estudos sobre iniciação científica no Brasil: uma revisão. **Cadernos de Pesquisa**, v.40, n.139, p. 173-197, 2010.

MASSI, L.; QUEIROZ, S. L. Investigando processos de autoria na produção do relatório de iniciação Científica de um Graduando em Química. **Ciência & Educação**, v.18, n. 2, p. 271-290, 2012.

MASSI, L.; QUEIROZ, S. L. A perspectiva brasileira da iniciação científica: desenvolvimento e abrangência dos programas nacionais e pesquisas acadêmicas sobre a temática. *In*: MASSI, L.; QUEIROZ, S. L. **Iniciação científica [recurso eletrônico]**: aspectos históricos, organizacionais e formativos da atividade no ensino superior brasileiro. São Paulo: Editora UNESP Digital, 2015.

MATURANA, H. R.; VARELA, F. J. **A árvore do conhecimento**: as bases biológicas da compreensão humana. São Paulo: Palas Athena, 2001.

MAZON, L.; TREVIZAN, M. A. Fecundando o processo da interdisciplinaridade na iniciação científica. **Revista Latino-am Enfermagem**, 9 (4), p. 83-87, 2001.

MORIN, E. **Introdução ao pensamento complexo**. Porto Alegre: Sulina, 2006.

NÓVOA, A. **Professores**: libertar o futuro. São Paulo: Diálogos Embalados, 2023.

PACHECO, J. **Inovar é assumir um compromisso ético com a educação**. Petrópolis: Vozes, 2019.

SANTOS, S. A. **Um grupo de iniciação científica na educação básica: um percurso formativo para aprendizagens**. Tese (doutorado). Universidade Federal do Rio Grande do Sul, Instituto de Ciências Básicas da Saúde, Programa de Pós-Graduação em Educação em Ciências: Química da Vida e Saúde. Porto Alegre, 2020, 145f. Disponível em: https://lume.ufrgs.br/handle/10183/210401

SANTOS, S. A.; RIBEIRO, M. E. M.; PIZZATO, M. C. Um grupo de pesquisa na educação básica: distanciamentos e aproximações com princípios da iniciação científica. **Contexto & Educação**, Editora Unijuí, Ano 35, nº 111, Maio/Ago. 2020, p. 108-126.

SAVIANI, D. **Pedagogia histórico-crítica**: primeiras aproximações. 11. ed. Campinas: Autores Associados, 2013.

SILVA JUNIOR, M. F.; ASSIS, R. I. F.; SOUSA, H. A.; MICLOS, P. V.; GOMES, M. J. Iniciação Científica: percepção do interesse de acadêmicos de odontologia de uma universidade brasileira. **Saúde Soc.** São Paulo, v. 23, n. 1, p. 325-335, 2014.

SOUSA, I. C. F.; FILIPECKI, A. T. P. **Iniciação científica de estudantes de ensino médio**: um olhar sobre esta formação em uma instituição de pesquisa biomédica brasileira. Luglio, n. 17, p. 74-95, 2017.

TOMELIN, K. N.; DAROS, T. **Pedagogia de futuros**: guia teórico e prático de letramento de futuros para instituições educativas, empresas e governos. São Paulo: SaraivaUni, 2024.

UNESCO. **Reimaginar nossos futuros juntos**: um novo contrato social para a educação. Brasília: Comissão Internacional sobre os Futuros da Educação, UNESCO; Boadilla del Monte: Fundación SM, 2022. Disponível em: https://unesdoc.unesco.org/ark:/48223/pf0000381115

ZAKON, A. Qualidades desejáveis na iniciação científica. Ciência e Cultura, **Revista da Sociedade Brasileira para o Progresso da Ciência**, 41(9), p. 868-877, 1989.

DE VAPOR À INSPIRAÇÃO: A TRANSFORMAÇÃO DE IDEIAS EM OPORTUNIDADES

A vida só é possível reinventada.
Anda o sol pelas campinas e passeia a mão dourada
pelas águas, pelas folhas...
Ah! tudo bolhas que vêm de fundas piscinas
de ilusionismo... — mais nada.
Mas a vida, a vida, a vida,
a vida só é possível reinventada.
Cecília Meireles

É preciso repetir incessantemente o que Cecília Meireles, poetisa, dizia: "A vida só é possível reinventada", assim como a escola, o ensino e a aprendizagem funcionam bem quando reinventadas. A Química em ebulição pressupõe a transformação de ideias em oportunidades, em que a reinvenção possa se fazer constante em espaços e tempos, com sentidos e significados, na construção de conhecimentos e valorização dos saberes, na promoção da pesquisa como princípio educativo e pedagógico, no favorecimento de políticas públicas que defendam a escola, do cuidado de si e com o outro e das possibilidades de recomeçar sempre.

Se para ter vapor é preciso estar em ebulição, para ter inspiração é preciso de ideias em transformação. Na inspiração, as ideias surgem de forma inesperada, é o que impulsiona a criação. Muitas ideias foram escritas neste livro inspiradas por intencionalidades de seus autores que em momentos diversos se propuseram a pensar nas oportunidades advindas do processo constante de "ebulição" onde emergem aprendizagens diversas e outras.

A ebulição como metáfora de uma jornada no ensino de química não só descreve um processo de desenvolvimento de ideias, mas enfatiza a importância da exploração e da ação como elementos essenciais para impulsionar a educação científica.

Trata-se de um processo dinâmico e criativo de transformar conceitos abstratos em *insights* claros e reais. Assim como a água aquece até atingir seu ponto de ebulição, as ideias também passam por um processo de aquecimento, expansão e transformação, até se tornarem ações concretas.

Este livro traz ideias pelas vozes do Brasil, como bem destacado por Mortimer *et al.* (2015), na percepção de que a pesquisa está gradualmente ganhando uma identidade distinta ao oferecer soluções para a análise do que ocorre nas salas de aula, tornando-se um ponto de referência para muitos.

Embora o ensino de química no Brasil seja relativamente jovem, já se consolidou e se caracteriza pelo uso de metodologias de pesquisa qualitativa, essencial para a formação de professores, uma vez que ensinar por meio da pesquisa implica em aprender pela ação na resolução de problemas. Assim, integrar a Química com as pesquisas sobre formação de professores pode conectar os diferentes níveis do conhecimento químico e também integrar a disciplina aos desafios reais enfrentados pela sociedade (Amaral-Rosa *et al.*, 2023).

Esta obra se conclui por aqui, porém o movimento desencadeado pela energia incessante das palavras de cada autor tem um impacto duradouro, que ferve e transborda para além deste livro e continuará inspirando você, caro leitor, pois este não é apenas um fim por si só, mas um novo começo, uma nova ebulição nas mentes de todos que aqui chegaram e que transcende este momento e seguirá fazendo a diferença no ensino de química.

REFERÊNCIAS

AMARAL-ROSA, M.; LIMA, D. C. F.; DANTAS, J. M.; MAZZÉ, F. M. Abordagens metodológicas na pesquisa no ensino de Química: reflexões acerca da contribuição para a formação docente. **Open Science Research** X, 10. São Paulo: Científica Digital, 2023.

MORTIMER, E.F.; QUADROS, A. L.; SILVA, A. S. F.; OLIVEIRA, L. A.; FREITAS, J. C. A Pesquisa em Ensino de Química na QNEsc: uma análise de 2005 a 2014. **Química Nova na Escola**, 37(2): 188-192, 2015.

SOBRE OS AUTORES

ANDRÉ LUIS FACHINI DE SOUZA

Doutorado em Ciências (Bioquímica)

Docente do Instituto Federal Catarinense (IFC)

Currículo Lattes - http://lattes.cnpq.br/6481633045200086

ANELISE GRÜNFELD DE LUCA

Doutorado em Educação em Ciências Química da Vida e Saúde

Docente do Instituto Federal Catarinense (IFC)

Currículo Lattes - http://lattes.cnpq.br/9660221537454268

BÁRBARA CAROLINE LEAL

Doutorado em PPGQ/UFRGS

Docente na Universidade Federal do Rio Grande do Sul (UFRGS)

Currículo Lattes - http://lattes.cnpq.br/8973768157017724

CAMILA HOSTIN SAMY

Especialização em Metodologia do Ensino na Educação Superior

Docente no Colégio Francisquense

Currículo Lattes - http://lattes.cnpq.br/8380624907509511

CRISTIANO DE SOUZA CALISTO

Doutorando em Direitos Humanos e Cidadania.

Docente da Secretaria de Estado de Educação - Gerência Regional de Ensino do Guará

Currículo Lattes - http://lattes.cnpq.br/9866812342563584

EDUARDA BORBA FEHLBERG

Mestrado em Educação em Ciências Química da Vida e Saúde
Docente no Instituto SESI de Formação de Professores (SESI)
Currículo Lattes - http://lattes.cnpq.br/9120295603166734

EDUARDO JESUS TELES

Ensino Médio (2º grau) em andamento
Bolsista de Iniciação Científica Júnior do CNPq
Currículo Lattes - http://lattes.cnpq.br/2618808866105771

FILIPE ANTUNES DA SILVA

Mestrado em Ensino de Ciências, Matemática e Tecnologias.
Técnico em Laboratório do Instituto Federal Catarinense (IFC)
Currículo Lattes - http://lattes.cnpq.br/0239412351862518

GAHELYKA AGHTA PANTANO SOUZA

Doutorado em Educação na Universidade Federal do Paraná (UFPR)
Docente do Magistério Superior na Universidade Federal do Acre (UFAC)
Currículo Lattes - http://lattes.cnpq.br/6377137029784992

GISLAINE APARECIDA BARANA DELBIANCO

Doutorado em Geociências
Docente no Centro Estadual de Educação Tecnológica Paula Souza (CEETEPS)
Currículo Lattes - http://lattes.cnpq.br/3382656321971844

IGOR PACÍFICO XAVIER DA SILVA

Graduando em Ciência e Tecnologia

Discente da Universidade Federal Rural do Semiárido - Mossoró/RN

Currículo Lattes - http://lattes.cnpq.br/1166273050466559

KÉSIA DE SOUZA CRUZ

Mestrado em Engenharia Química

Docente no Centro de Ensino em Período Integral Gomes de Souza Ramos (CEPIGSR)

Currículo Lattes - http://lattes.cnpq.br/4675387143952615

KÉSIA KELLY VIEIRA DE CASTRO

Doutorado em Programa de Pós-Graduação em Química

Docente da Universidade Federal Rural do Semiárido - Mossoró/ RN

Currículo Lattes - http://lattes.cnpq.br/8773378896831240

MARILÂNDES MÓL RIBEIRO DE MELO

Doutorado em Curso de Pós-Graduação em Educação.

Docente do Instituto Federal Catarinense (IFC)

Currículo Lattes - http://lattes.cnpq.br/7641170265582884

MAURÍCIUS SELVERO PAZINATO

Doutorado em Educação em Ciências: Química da Vida e Saúde

Docente na Universidade Federal do Rio Grande do Sul (UFRGS)

Currículo Lattes - http://lattes.cnpq.br/2136144172613304

MÔNICA RODRIGUES DE OLIVEIRA

Doutorado em Química

Docente da Universidade Federal Rural do Semiárido - Mossoró/RN

Currículo Lattes - http://lattes.cnpq.br/2219717055055892

MONIQUE GONÇALVES

Doutoranda em Engenharia de Processos Químicos e Bioquímicos (EPQB).

Docente na Universidade do Estado do Rio de Janeiro (UERJ)

Currículo Lattes - http://lattes.cnpq.br/5500541852690341

NATACHA MORAIS PIUCO

Mestranda em Química Aplicada (Udesc)

Bolsista Mestrado FAPESC

Currículo Lattes - http://lattes.cnpq.br/3634719164672856

NATHÁLIA MARCOLIN SIMON

Doutorado em Química

Docente na Universidade Federal do Rio Grande do Sul (UFRGS)

Currículo Lattes - http://lattes.cnpq.br/2246068673223229

PEDRO DEMO

Pós-Doutorado na University Of California At Los Angeles, UCLA, Estados Unidos

Docente aposentado da Universidade de Brasília, Departamento de Sociologia.

Currículo Lattes - http://lattes.cnpq.br/1988962364420428

POLLYANA MARIA RIBEIRO ALVES MARTINS

Doutoranda em Direitos Humanos e Cidadania

Pedagoga no Instituto Federal de Educação, Ciência e Tecnologia de Brasília (IFB)

Currículo Lattes - http://lattes.cnpq.br/8792828347742434

RAILDIS RIBEIRO ROCHA

Mestrado em Engenharia de Biomateriais e Bioprocessos

Docente no Governo do Estado de São Paulo

Currículo Lattes - http://lattes.cnpq.br/3612889276474070

RAIZA CAROLINE DE OLIVEIRA LEAL

Doutoranda em Ciência, Tecnologia e Educação.

Docente no Pré-Vestibular da Fundação Centro de Ciências e Educação Superior à distância do Estado do Rio de Janeiro

Currículo Lattes - http://lattes.cnpq.br/4693589202687896

RONEY STAIANOV CAUM

Especialização em História e Cultura Afro-Brasileira

Docente na Escola Técnica de Monte Mor - SP

Currículo Lattes - http://lattes.cnpq.br/8351591989263526

SANDRA APARECIDA DOS SANTOS

Doutorado em Educação em Ciências Química da Vida e Saúde

Gestora da Educação Básica na Unidavi - Universidade para Desenvolvimento do Alto Vale do Itajaí

Currículo Lattes - http://lattes.cnpq.br/3678692075804001

TANIA DENISE MISKINIS SALGADO

Doutorado em Programa de Pós-Graduação em Física

Docente na Universidade Federal do Rio Grande do Sul (UFRGS)

Currículo Lattes - http://lattes.cnpq.br/2921303744527801

VALESKA FRANCENER DA LUZ

Licenciada em Química

Especialista de Ensino no Serviço Nacional de Aprendizagem Industrial (SENAI)

Currículo Lattes - http://lattes.cnpq.br/6113226734815061

VALKIRIA VENANCIO

Doutorado em Educação

Docente aposentada da Secretaria Municipal de Educação de São Paulo (SME-SP)

Currículo Lattes - http://lattes.cnpq.br/3369015354996566

Impresso na Prime Graph
em papel offset 75 g/m²
fonte utilizada adobe caslon pro
setembro / 2024